法国精品级
创新甜点

【法】诺埃米·斯特鲁克 著
【法】德菲娜·阿玛尔–康斯坦丁 摄影
王锴 译

电子工业出版社
Publishing House of Electronics Industry
北京·BEIJING

推荐序

自我开始从事甜点师这一职业，我便仿佛找到了自己的天职，并且我真正明白了，甜点是与快乐、分享及童年时尝到的味道联系在一起的。

当我还是一名青少年时，其他的同学都在收集篮球运动员或歌星的各式各样的海报，我却骄傲地把当时的名厨保罗·博古斯（Paul·Bocuse），米歇尔·罗什（Michel·Roth）和弗雷德里克·安东（Frédéric·Anton）的海报贴在墙上。中学毕业后，我就到家族开办的乡村饭店工作，在那儿我学会了削胡萝卜皮以及制作"火烧冰淇淋"。父亲见我如此热爱烹饪，便把我送到专业技术学校学习厨艺，最终我获得了专业厨师证书。随后，我接连考取了几个相关证书，掌握了专业的烹饪厨艺，并决心要投身这一行业。

渐渐地，我发现自己最喜爱的是甜点制作。我在巴伦塔尔（Baerenthal）的阿尔斯堡餐厅（L'Arnsbourg）工作，主理人是让-乔治·克拉因（Jean-Georges·Klein，米其林三星主厨），他的母亲莉丽专门负责烘焙甜点，我便不知疲倦地向她观摩、学习。每天，我尽快完成我的份内工作，以便能去帮助莉丽派发甜点。而每天清晨，我都早起去"偷师"，观察她如何做准备工作，我总是记得那肉桂的香味、刚出炉的香味四溢的饼干和铺在大理石板上的软软的焦糖……餐厅的主理人很快就明白了我的心思，把我调到了甜点部工作。于是，跟随莉丽，我学会了所有制作甜点的基本功，她毫无保留地把一些秘诀传授给我，并向我讲述了有关蛋糕的历史。

我本想做一名时装设计师，但很快我发现甜点烘焙与时装设计这两个职业很相似，因为其过程都是一种真正的创意。身为一名甜点师，秤重量，估量尺寸，烘焙烤制，追求分厘不差，这便是基本的要素！

为了提高自己的水平，我决定去巴黎，当获悉星级餐厅"卡德兰草地"（Le Pré Catelan）总厨弗雷德里克·安东（Frédéric·Anton）正在招聘一位甜点部的主管，我便毫不犹豫地去争取这份工作，我不断地给他们打电话，终于，他们雇用了我。

2007年，这家餐厅获得了米其林三星的殊荣，在此之前，我已参与其中，因此我也倍感与有荣焉。2008年，我作为出色的甜点师主管被载入《桑别拉尔指南》（Guide Champérard）。2009年，我被业内评选为"年度甜点师"，并获邀进入"百人俱乐部"（与安娜·索菲，Anne-Sophie Pic—

起，我们是获此殊荣的仅有的两位女性）。2014年，"古尔特和米罗指南"（guide Gault et Millan）为我颁发了"年度甜点师"大奖。

如今，我已在卡德兰草地餐厅（Le Pré Catelan）工作了十三年之久。每天，我都会用脆皮苹果舒芙蕾——我的招牌甜点款待我的顾客。

甜点是不断创新的食物，对我而言它是一个激动人心的创作过程。我追寻童年时代的味道，这使我新创作的甜点并不那么甜，营养却更均衡。我并不排斥在新品创作中使用某种香料、某种产品，甚至糖果、植物或任何调味品。我想，本书的作者诺埃米，她也同样保持了这种开放精神，再加上她敏锐的触觉，使她在创作新品时走得更远！

食物的香味，舌尖上的美味，这些味道来自刚刚出炉的加入水或牛奶调制而成的松软鸡蛋面团，淋上焦糖，加入少许盐和花生碎……我曾亲历其境，在诺埃米的身边亲眼看她烘焙蛋糕。当我看到这本书的初稿时，我看到书中的照片美伦美奂，精致无比，甜点更是完成得无懈可击。我马上有一种欲望，想要去提高作为一位专业厨师应具备的技术和手艺，所以当诺埃米邀请我作序时，我便欣然同意了。

本书将带你进入美妙的甜点世界，它与其他同类书绝不相同。

诺埃米擅长对一些经典的甜点加以重新创造，她拥有轻快的思路，温柔的情感，风格简约又兼具创造性，而这些特质只有她才具有……每一款甜点都体现了她对美食的态度。如果你认识巴黎—布雷斯特路（Paris—brest）的话，不妨到诺埃米的店里逛逛，这是非常值得的，店中那个用红色水果和牛轧糖制成的塔式蛋糕，不断吸引我前往。

认真欣赏这本书，或干脆去尝尝书中介绍的甜点，大口地享受它们吧！或动手去烘焙其中一道或两道……甚至全部，与朋友共同分享吧！甜点不就是用来分享快乐和幸福的吗？

克里斯黛·布拉 *Christelle Brua*
卡德兰草地餐厅（Le Pré Catelan）首席甜点师

前言

请闭上眼睛，回忆一下你曾吃过的最好吃的甜点，例如是由知名甜点师烘焙的，或是自己亲手做的，总有那么一款令你回味无穷！那些甜点是如此美味，并且是那么吸引人的目光，可见我们是用眼睛来挑选的，对吗？是呀，我们习惯以外表先入为主——这款蛋糕真漂亮，那它就一定很好吃！

希望通过这本书向你们展示我的甜点世界，并和你们分享我的诀窍。当甜点在盛宴结束后出现在餐桌上时，几乎所有人同时发出"哇"的赞叹声！实际上这并非难事，只需将普通的蛋糕当作艺术品来看待。

是的，甜点烘焙是一门艺术，它要使品尝的人在吃到第一口时就感到惊喜和开心……这门艺术也让我们将普通的食材如鸡蛋、黄油、白砂糖和面粉等，制作成与众不同的美食，如同那些伟大的画家，虽然他们仅有画笔、颜料和油画布，但他们却拥有甜点般的灵魂，那便是他们绘制"甜点"的创作源泉。

然而，甜点也属于科学的范畴，它需要你像化学家一样对剂量有精确的把握，经常进行搅拌并测量温度。正如科学一样，厨师也有必要明白为什么所有的原料都要按次序操作，怎样才能令这些原料之间发生反应，并且明白什么要如此进行……可见，了解原料之间的化学作用后，你会发现你不会被任何蛋糕拒之门外了！

我把甜点看作相当个人化的工作，在每一次创作过程中，都添加了我们个人的因素，无论是在调味、纹理还是在装饰上，以及涉及流程和传送的步骤，一旦初步备料步骤完成，我们就能将自己熟知的烘焙方法运用到其他步骤中，我们尝试，失败，再尝试……终于，我们成功了！

总是有很多东西要学习，要看，要品尝。只要有优质的材料和合适的设备，借助一些诀窍，你想做的都能实现。我从事甜点烘焙工作是在一间狭窄的厨房中开始的，并且设备并不齐全。今天，我仍旧记不住绞肉机、厨师机和蛋糕模具放在厨房的哪个地方。但慢慢地，我学会了如何分辨甜点的纹理，如何用切碎的黄油或英国奶油制作"火烧冰淇淋"。学会这些技能，我不仅依靠了书籍，更借助了实践。当你们面对制作失败的蛋糕时，我想告诉你们，下一个蛋糕一定会做得更好！

写作和烘焙这四十五款甜点配方，是因为我对尝试过的风味情有独钟，并且特别乐于与大家分享我的甜点制作经验。书中所展示的是我逐年累月精心记录并自己亲自实践过的烘焙方法。这一实践过程长达十五年，其实在我上高中时，每周三下午我就与闺蜜一起试做甜点了。

请你们别被那些赫赫有名或是你们自认必不成功的烘焙方法所吓倒！我常对一些基础的方法嗤之以鼻，但是这些方法一旦掌握，就可以变化无穷地翻新花样！本书中介绍的甜点，按制作的难易程度分成了三级（★，★★，★★★），你可以循序渐进地制作。比方说请先从大理石斑纹蛋糕入手，然后再制作由红果和牛轧糖制成的塔形蛋糕。而当一切准备就绪，就可以着手去攻克由乳清干酪、巧克力焦糖和糖奶酥合制的软糕了！

我希望你们在阅读这本书时，能尝试着去烘焙这些我精心记录的甜点，现在轮到你们登场了。

诺埃米·斯特鲁克

目录

- 推荐序 4
- 前言 6

❀ 基础甜点

- 黄桃玫瑰蛋糕 12
- 星星李子挞 18
- 巧克力焦糖饼干烤蛋白 22
- 紫莓果杏仁饼 28
- 红丝绒蛋糕 34
- 巧克力舒芙蕾 40
- 橙味奶油饼配焦糖瓦片和开心果碎 46
- 红酒雪梨开心果挞 50
- 布列塔尼小豆蔻烤饼 56
- 巧克力&红辣椒慕斯布朗尼 62
- 草莓千层酥 66
- 可可芒果天使蛋糕 72
- 迷你焦糖苹果挞 76
- 三色巧克力挞 82
- 柠檬&牛轧糖慕斯达克瓦兹 88
- 苹果花黑香豆派 94
- 开心果巧克力泡芙 98
- 与众不同的柑橘薄荷小泡芙 104
- 爱的泡芙 110

❀ 经典甜点

- 歌剧院蛋糕 116
- 椰子烤蛋白蛋糕 122
- 香梨饼干白巧克力蛋糕卷 128

- 莓果牛轧糖泡芙塔 134
- 草莓火龙果蛋糕 140
- 摩卡核桃镜面蛋糕 144
- 青柠苹果芝士蛋糕 148
- 百香果朗姆芭芭蛋糕 152
- 黑森林裸蛋糕 156
- 蓝莓巧克力挞 162
- 树莓焦糖榛子挞 166
- 巧克力糖衣杏仁派对蛋糕 172
- 巴黎车轮泡芙 176
- 大理石斑纹巧克力蛋糕 182
- 柑橘胡萝卜蛋糕 186
- 焦糖花冠圣人泡芙 190
- 巧克力青柠热那亚蛋糕 196
- 芒果派 200
- 香蕉太妃馅饼 206
- 草莓勃朗峰蛋糕 212
- 菠萝薄荷奶油蛋白饼 218
- 柚子柠檬提拉米苏 222
- 开心果千层酥 228
- 别具一格的马卡龙 234
- 香草青柠"烧烤"冰淇淋 242
- 烤蛋白柠檬罗勒香料挞 248

基础设备及工具

- 甜点工具 256
- 甜点配料 260
- 挞派面团 266
- （加水或牛奶的）鸡蛋松软面团 269
- 饼干 270
- 奶油夹心烤蛋白 272
- 基础奶油和淋面 274
- 用糖做装饰 280
- 巧克力的制作 284

☆☆

黄桃玫瑰蛋糕

Rose cake aux pêches & à la fleur d'oranger

工具

电动打蛋器 + 厨师机 + 平底锅 + 厨用温度计 + 2个直径18厘米的圆形模具
+ 烘焙纸 + 刮刀 + 筛网 + 毛笔
+ 食用保鲜膜 + 裱花袋 + 花朵形或螺纹形裱花嘴 + 抹刀

12人份

准备时间：1小时30分钟　烘焙时间：40分钟
冷却时间：1小时30分钟

糖霜玫瑰花瓣配料
100克白砂糖，2朵玫瑰花，蛋白（1个鸡蛋）

蛋糕坯配料
3个鸡蛋，200克细砂糖，1汤匙橙花水，
50克黄油，10毫升温牛奶，160克面粉，6克泡打粉，1茶匙盐

淋面配料
240克细砂糖，100克水，
100克蛋白（约3个鸡蛋），橙色调色粉，360克软黄油，
1汤匙咖啡（液体），1汤匙橙花水

装饰定型配料
2个黄桃，1罐桃酱

黄桃玫瑰蛋糕

糖霜玫瑰花瓣做法

将白砂糖放到盘子里,小心地将玫瑰花瓣摘下,然后用一支毛笔将花瓣涂上蛋白(蛋白无须搅打)。再将花瓣放入盘中,裹上白砂糖,静置1.5~2小时,使其凝固。

蛋糕坯做法

烤箱预热至180℃。将烘焙纸铺在圆形模具内。打发鸡蛋,加入细砂糖、橙花水,直至混合物变白,且体积增加一倍。把黄油融化后加入到上述混合物中,再加入温牛奶,用刮刀慢慢地加入面粉和过筛后的泡打粉、盐。将混合物平均分为两份,分别放入模具内,放入烤箱烘烤30分钟。

取出放凉后,将蛋糕坯放置在搁架上继续冷却。之后用食用保鲜膜包好,放入冰箱冷藏30分钟。

淋面做法

将细砂糖与水倒入平底锅内,加热,并用厨用温度计来控制温度。把蛋白和橙色调色粉倒入厨师机中。当温度升至110℃时,开始用力打发蛋白,当温度达到120℃时停止加热,并将糖水倒在打发的蛋白上。

继续打发蛋白,直至蛋白恢复常温,并呈现光滑发亮状态。继续搅拌,并一点点地加入软黄油,直至出现固定又松散的泡沫,再倒入咖啡和橙花水来添加香味。

装饰定型

将黄桃切成小丁,将冷却的蛋糕坯横向切成四个圆饼状。

在第一层圆饼上铺上薄薄的一层桃酱,撒上黄桃丁,再放上第二层圆饼,其余两层也如此操作,最后,轻轻地压一下使其贴合得更紧。

用抹刀在蛋糕的表面及侧面抹上淋面,再将多余的淋面放入裱花袋中,在蛋糕表面挤出花朵形状或条纹形状,让蛋糕上开满漂亮的玫瑰花朵。

放入冰箱冷藏1个小时,食用前撒上糖霜玫瑰花瓣。

小贴士Tips

- 冷藏后的蛋糕坯更易切割。可以提前一天做好,包上食用保鲜膜后放入冰箱。
- 将蛋糕坯放在可转动的圆盘上,更容易操作。
- 为了让蛋糕松软可口,可给蛋糕坯涂上由100克白砂糖和100克水混合的糖浆。
- 为了使淋面的颜色更漂亮,在加入调色粉时,可以加入几滴水,以利于其融化。

星星李子挞
Tarte aux prunes étoilée

工具

搅拌盆 + 平底锅 + 食用保鲜膜 + 擀面杖 + 蛋糕铲 + 刮刀
+ 直径18~20厘米的圆形挞派模具 + 不同尺寸的星形饼干模具 + 厨用温度计
+ 硅胶垫 + 隔热手套

8~10人份

准备时间：1小时10分钟　烘焙时间：1小时10分钟
冷却时间：1小时

李子酱配料

500~600克李子，30克黄糖，65克蜂蜜，15克黄油，1根桂皮，
1颗茴香，1根香草荚

肉桂挞底配料

140克软黄油，75克糖粉，1个鸡蛋，
2克盐，250克T55号面粉，25克杏仁粉，半汤匙肉桂粉

装饰定型配料

50克山核桃，80克木糖醇，适量古铜色调色粉

注：T55号面粉，指灰分在0.50~0.60之间的法国小麦粉。
可网购或在专业烘焙商店中购买。

李子酱做法

将李子去核,每个切成4瓣。在平底锅里将黄糖与蜂蜜混合后,加热至糖蜜彻底融化并开始起泡。加入切成丁的黄油、李子及3种香料,缓缓地向一个方向搅动约15~20分钟,使之变成黏稠的果酱,注意要保持李子的完整。冷却后将果酱放入冰箱冷藏。

肉桂挞底做法

在搅拌盆里将软黄油和糖粉混合搅拌,直至变成黏稠的奶糊状。将鸡蛋和盐混合,轻轻搅打,然后加入刚才制成的奶糊状混合物,不断翻动,使其混合均匀。加入面粉、杏仁粉和肉桂粉,简单搅拌使之成为一个球状,随后压扁,用保鲜膜包好放入冰箱冷藏1小时。

在操作台上撒适量面粉。将面团从冰箱中取出,擀至2~3毫米厚。再擀成一个圆形面饼,压入圆形挞派模具中。用星形饼干模具在剩下的面饼上切出大小不同的星星状面块。

装饰

将烤箱加热至180℃。把已经凝固的李子酱倒在挞上,放入山核桃,再放上星星状面块,尺寸大的放在四边,越往中心越小。放入烤箱烘烤40~45分钟,取出后放在搁架上冷却。

定型

将木糖醇在平底锅中融化,向锅中插入厨用温度计,当温度达到130℃时,加入古铜色调色粉。继续加热至175℃,将其倒在硅胶垫上,待稍稍冷却后,由边缘向中心卷成团状。

从中取出如山核桃大小的一块,将其拉成丝,随后立即绕着圆形模具挥洒直至糖丝变硬,重复这一动作直至木糖醇用尽,用它来装饰李子挞。即可享用。

小贴士Tips

- 李子酱要彻底冷却后再放在挞上,否则会使挞底变软并破坏烘焙效果。
- 在李子酱的表面可抹一层薄薄的杏仁酱,使之入口即化,且更美味。
- 加工木糖醇时最好戴上一副隔热手套。为了操作方便,木糖醇在放入锅之前先将锅预热,可使木糖醇更长时间保持可塑性。
- 食用时配上香草冰淇淋,口感更佳。

☆☆☆

巧克力焦糖饼干烤蛋白

Merveilleux au chocolat au lait & aux spéculoos

工具

搅拌盆 + 电动打蛋器 + 裱花袋 + 各式裱花嘴（根据需要）+ 锡纸 + 烘焙纸 + 蛋糕铲 + 刮刀 + 筛网 + 厨用温度计 + 大理石板 + 手动打蛋器 + 擀面杖

8人份

准备时间：1小时　烘焙时间：55分钟

奶油夹心烤蛋白配料

120克蛋白（4个鸡蛋），120克细砂糖，120克糖粉

巧克力装饰片配料

150克牛奶巧克力，1~2块比利时焦糖饼干（碾成粉末）

搅打稀奶油配料

360毫升全脂冻奶油，60克马斯卡彭奶酪，40克糖粉，1根香草荚

定型配料

50克比利时焦糖饼干

奶油夹心烤蛋白做法

将烤箱预热至110℃。打发蛋白（最好用电动打蛋器），待泡沫丰富时，加入细砂糖，慢慢地将蛋白收紧，直至混合物质地均匀且光滑。降低打蛋器的速度，并加入过筛后的糖粉，将混合好的蛋白放入裱花袋，配上无花款裱花嘴（或者不用裱花嘴）。在烘焙纸上挤出直径20厘米的旋转式圆圈，然后放入烤箱烘烤50~55分钟，待蛋白变硬后，将其放在搁架上冷却。

巧克力装饰片做法

在操作台上，准备一张锡纸和一块大理石板，先将巧克力加热，将其中一半巧克力倒在没装裱花嘴的裱花袋中，并将另一半巧克力小心翼翼地用蛋糕铲摊在大理石板上。在锡纸上用裱花袋以较大间隔滴出点状巧克力，用小咖啡匙的背部将点状巧克力捻成片状的装饰品。撒上比利时焦糖饼干碎，然后把锡纸向里折叠，将其卷起并捆上橡皮筋，放在空气流通处。用一把小刀把浇在大理石板上的巧克力刮起来，做成小薄片。

搅打稀奶油做法

先将搅拌盆和手动打蛋器放入冰箱冷藏，10分钟后取出。把全脂冻奶油和马斯卡彭奶酪倒入搅拌盆中开始缓缓地搅拌，逐渐加快速度，待奶油开始膨胀并粘在打蛋器上时，再加入糖粉，继续搅拌直至混合物在搅拌棒上变得有黏性，即使你将搅拌盆倒扣过来也不会马上下坠。

装饰定型

在盘子内放上一个圆形的烤蛋白，抹上薄薄的一层搅打稀奶油，尽量抹光滑。再放上第二个圆形的烤蛋白，借助蛋糕铲使其形成一个圆顶。把比利时焦糖饼干碎撒在蛋糕上，再撒上巧克力装饰片，最后撒上巧克力粉末，即刻享用或放入冰箱冷藏。

小贴士Tips

· 为了更易做出烤蛋白的旋转效果,可先用铅笔在烘焙纸上画出圆圈,然后将纸翻转,再用裱花袋画出底部的圆圈。

· 可在烘焙纸的四角放一点烤蛋白,这样可将纸固定,不会在烘焙时移位。

· 可将比利时焦糖饼干放入保鲜袋中,用擀面杖将其碾碎。

☆☆

紫莓果杏仁饼

Douceur de fruits noirs

工具

搅拌盆 + 厨师机 + 电动打蛋器 + 筛网 + 蛋糕铲 + 裱花袋 + 条纹形裱花嘴 + 标准裱花嘴 + 烘焙纸 + 硅胶垫 + 圆珠笔 + 厨用温度计 + 刮刀 + 平底锅

8~10人份

准备时间：1小时15分钟　烘焙时间：25分钟
冷却时间：30分钟

杏仁饼干配料

120克糖粉，120克杏仁粉，90克蛋白（3个鸡蛋），少量紫色调色粉，
120克细砂糖，30克水

莓果奶油配料

100克蓝莓和桑葚（混合），100克细砂糖，40克水，
60克蛋白（2个鸡蛋），125克软黄油

装饰定型配料

60克木糖醇，少量紫色调色粉，120克蓝莓，125克桑葚，紫罗兰花（随意）

杏仁饼干做法

将烤箱预热至160℃。将糖粉和杏仁粉混合,过筛。把一半蛋白(45克)放到搅拌盆中备用,另一半则倒入厨师机的搅拌盆里,加入杏仁粉和糖粉的混合物及紫色调色粉。

把细砂糖和水倒入平底锅中,加热,用厨用温度计控制温度。当糖水达到110℃时,将厨师机中的混合物打发至白雪状。当达到118℃时,停止加热,并将糖水倒入蛋白中,继续搅拌直至冷却。

将过筛后的糖粉和杏仁粉、打发好的蛋白全部倒入装有标准裱花嘴的裱花袋里,在烘焙纸上挤出直径8厘米的饼壳。将饼壳放入烤箱烘烤15~18分钟,取出后待饼壳冷却,把它从纸上取下。

莓果奶油做法

将蓝莓和桑葚搅打成泥,并用筛网将细核过滤掉。取60克莓果混合泥放在平底锅里,倒入细砂糖和水,放入温度计后进行加热。

把备用的45克蛋白放入厨师机搅拌盆中,当莓果混合物加热到110℃,开始搅打蛋白,使之呈泡沫状。将厨师机调至最大档位,当莓果糖浆达到118℃时,将平底锅从火上移开,将之缓缓地以画格子的方式倒入仍在搅拌的蛋白中,继续搅拌直至冷却。

将黄油一点一点地加入,并继续搅拌,待其形成泡沫状并充满气泡时加入莓果泥,搅拌均匀。然后倒入装有条纹形裱花嘴的裱花袋中,并将其放入冰箱冷藏至少30分钟。

装饰定型

在平底锅中融化木糖醇,并用厨用温度计控制温度。当温度达到130℃,加入紫色调色粉继续加热至175℃,然后将其倒在硅胶垫上。

待糖稍冷却后，从四周向中心卷起，卷成一个球。从中取出一小块，拉成一根细绳状，接着把它缠绕在圆珠笔上，直至糖丝发硬，这样就做出了一个螺旋圈。重复10~15次，做出10~15个螺旋圈。

在每个杏仁饼干的壳内，用莓果奶油做出一朵玫瑰花，点缀上若干蓝莓、桑葚、螺旋圈和紫罗兰花。

小贴士Tips

- 可以提前一天将杏仁饼壳做好，放入密封盒内再放入冰箱冷藏。
- 在放入烤箱之前，让杏仁饼在常温下回温10~20分钟，可令杏仁饼干在烘焙时得到更好的舒展。在饼干外壳成形后，用手触摸时不再粘手即可。
- 加工木糖醇时最好戴上隔热手套。在放入烤箱前，先预热烤箱，可使木糖醇的柔软效果持续得更久。

☆☆

红丝绒蛋糕

Red velvet aux framboises & pralines roses

工具

搅拌盆 + 厨师机 + 蛋糕铲 + 2个直径18厘米的圆形模具 + 抹刀 + 烘焙纸 + 切刀 + 电动打蛋器

10人份

准备时间：1小时　冷冻时间：2小时30分钟
烘焙时间：30分钟

蛋糕坯配料

120克软黄油，300克细砂糖，2个鸡蛋，240毫升牛奶，250克T55号面粉，35克纯可可粉，1小袋发酵粉（11克），半汤匙咖啡粉，红色调色粉

淋面配料

150克软黄油，1根香草荚，450克新鲜奶酪（如费城奶酪），180克糖粉

装饰定型配料

250克草莓，50克玫瑰糖衣杏仁，用杏仁面团制作的花

蛋糕坯做法

将烤箱预热至180℃。在软黄油中加入细砂糖后用电动打蛋器搅拌，直至出现稳定的泡沫。打入鸡蛋，搅拌均匀，再加入牛奶。接着把面粉、纯可可粉、咖啡粉、发酵粉以及红色调色粉一起放入并搅拌。在两个模具内分别铺上烘焙纸，将混合的面浆均分为两份倒入其中，放入烤箱烘烤30分钟。

取出后放凉，脱模，将蛋糕坯放在搁架上继续冷却。随后将蛋糕坯放入冰箱冷藏2小时，用刀以相同的厚度将蛋糕横切为二。

淋面做法

将香草荚中的香草籽刮出。把黄油和香草籽一起放入厨师机中搅拌直至成为膏状。加入新鲜奶酪继续搅拌均匀，然后撒入糖粉，继续缓缓地搅拌直至出现油状流动的纹理。

红丝绒蛋糕

装饰定型

在蛋糕托盘上抹上一层淋面,然后放上第一层圆饼。

抹上一层淋面,撒上一切为二的草莓,留几颗完整的草莓作为最后的装饰,重复上述步骤直至将草莓放完。放上最后一个圆饼后,将整个蛋糕抹上一层薄薄的淋面,然后放入冰箱冷藏30分钟。

将剩余的淋面再次涂抹在蛋糕上,这次要涂得厚一些,用抹刀做出蛋糕顶部和侧面的螺旋线条。

最后点缀上糖衣杏仁和用杏仁面团制作的花。

小贴士Tips

- 可将1咖啡匙柠檬汁加入到牛奶中。
- 用一把长柄带齿厨刀来切蛋糕。

☆★☆

巧克力舒芙蕾

Moelleux à la ricotta, chocolat, caramel & sucre soufflé

工具

搅拌盆 + 厨师机 + 手动打蛋器 + 刮刀 + 平底锅 + 厨用温度计
+ 硅胶垫 + 长方形模具（如布朗尼模具）+ 切刀
+ 抹刀 + 裱花袋 + 小型裱花嘴 + 糖用泵 + 隔热手套

10~12人份

准备时间：1小时50分钟　烘焙时间：55分钟

舒芙蕾配料
300克细砂糖，105毫升水，90克葡萄糖浆，0.3克鞑靼奶油（少许）

软糕配料
3个鸡蛋，75克细砂糖，1根香草荚，1撮盐，250克乳清奶酪（如意大利ricotta奶酪），
125克杏仁粉

巧克力焦糖淋面配料
180克黑巧克力，100毫升全脂液体奶油，90克白砂糖，
250毫升水，180克软黄油

定型配料
食用银粉，珍珠糖

巧克力舒芙蕾

舒芙蕾做法

将细砂糖、水和葡萄糖浆倒入平底锅内,加热。待混合物沸腾后,加入鞑靼奶油,继续加热至155℃。

将混合物倒在硅胶垫上,待稍稍冷却,从边缘开始向中心折叠,使之成为饼状。取出一小块,做成一个球,内部要有小小的空隙。将一只糖用泵插入小球中,轻轻地挤压糖泵并转动这个小球,待里面的小气泡变成圆形,用剪刀剪去尾部,再做下一个。将这些圆球置于干燥处,备用。

软糕做法

烤箱预热至180℃。将蛋白与蛋黄分离,在一个搅拌盆里加入细砂糖并搅打蛋黄。将香草荚中的香草籽刮出,随后在混合物中加入香草籽和盐,继续搅打直至混合物变白,且体积增加一倍。再加入乳清奶酪和杏仁粉,并不断搅拌。

在另一个搅拌盆里,将蛋白搅打成坚实的泡沫,小心翼翼地用刮刀将其放入前面制成的混合物里。把混合物倒入铺好烘焙纸的长方形模具中,然后放入烤箱烘烤30~35分钟,直至软糕变成金黄色。把它从模具中取出,放在搁架上冷却。

巧克力焦糖淋面做法

用力将黑巧克力敲碎。用微波炉加热液体奶油。将白砂糖和水放入平底锅中加热直至变成琥珀色的焦糖,离火,倒入热奶油,注意别让它溢出。再将锅放到火上加热1~2分钟,让焦糖均匀加热。

随后让它慢慢冷却，再将焦糖汁和黑巧克力碎混合均匀。待其冷却至常温，再慢慢加入软黄油，并用厨师机搅拌，最后把它倒入裱花袋，并配上一个小型裱花嘴。

装饰定型

从水平方向把蛋糕平均横切成两个长方形蛋糕。先抹上一层薄薄的淋面，再将两个长方形蛋糕重叠在一起，并在外边包裹上淋面。用裱花袋呈直线挤出一个个小弹珠，用抹刀或咖啡匙的背部将之拉长，然后再做另一条线，直至蛋糕的顶部和四周都完成。放入冰箱冷藏。

用舒芙蕾做装饰，撒上食用银粉，点缀上珍珠糖。

小贴士Tips

· 舒芙蕾制作工艺相当精细，可以用专门的烤灯或是放在加热的烤箱前，把烤箱门打开，可避免糖冷却或者变得太软。
· 糖球很脆，制作时要格外细心。
· 请尽量戴上烘焙手套，避免烫伤。

☆☆

橙味奶油饼配焦糖瓦片和开心果碎

Dômes crémeux à l'orange, pistaches & tuile dentelle

工具

搅拌盆 + 平底锅 + 长方形模具（如布朗尼模具）
+ 半圆形硅胶模具 + 厨用温度计
+ 烘焙纸 + 硅胶垫 + 厨师机 + 电动打蛋器 + 筛网 + 圆形饼干模具

6人份

准备时间：1小时　烘焙时间：35分钟
冷藏时间：3小时

橙子奶油饼配料

135克黄油，135克蛋白（4~5个鸡蛋），50克杏仁粉，50克面粉，
160克糖粉，30克杏子果冻，1个橙子的橙皮屑

橙肉奶油配料

3片明胶片（6克），3个鸡蛋，200毫升橙汁，2个橙子的橙皮屑，
140克细砂糖，70克冷黄油

焦糖瓦片配料

100克细砂糖，30克黄油，1汤匙碾碎的开心果

装饰定型

杏子果冻，50克开心果碎

橙子奶油饼做法

将烤箱预热至180℃。把黄油放入平底锅中隔水加热,直至颜色变深,将其取出并冷却。在搅拌盆中搅打蛋白,加入杏仁粉、面粉、糖粉,继续搅拌直至混合均匀,再加入杏子果冻、冷却的黄油及橙皮屑。把搅拌均匀的混合物倒入铺好烘焙纸的长方形模具中,放入烤箱烘烤25~30分钟,直至其边缘变成金黄色,取出后稍微冷却。再将面饼从模具里取出,放在搁架上继续冷却。

橙肉奶油做法

取一个大碗,装满冷水后放入明胶片,浸泡10分钟。用电动打蛋器打发蛋白。将橙汁、橙皮屑与细砂糖一起煮沸,待其完全沸腾,通过筛网在打发的鸡蛋上方滤下,并继续打发。然后将其缓缓加热直至变稠,再加入已融化的明胶,常温下放置。最后加入冷黄油,用厨师机自上而下地搅拌,之后将其倒入半圆形硅胶模具内,放入冰箱冷藏2小时。

焦糖瓦片做法

将烤箱预热至190℃。将细砂糖倒入平底锅中,用文火加热,无需搅动,直至其颜色变深成为焦糖。离火,加入黄油,然后倒在硅胶垫上使其成形。

将焦糖薄片碾成小碎片,并将其压成细粉末,然后再搅拌成更细的粉末。在圆形饼干模具的下面铺上烘焙纸和硅胶垫,从上方撒下粉末,形成6个粉末状的圆形,再撒上开心果碎屑,将其放入烤箱烘烤2~5分钟,直至粉末融化形成花边,取出后冷却放置。

装饰定型

用圆形饼干模具在长方形橙子面饼上切出圆饼。在圆饼的周围抹上橙肉奶油,然后在开心果碎屑里滚一下。在圆饼上放上杏子果冻,再放上焦糖瓦片。

☆☆

红酒雪梨开心果挞

Tarte aux poires pochées au vin & aux pistaches

工具

搅拌盆 + 手动打蛋器 + 厨师机 + 刮刀 + 平底锅 + 烘焙纸 + 裱花袋 + 食用保鲜膜 + 条纹形裱花嘴 + 直径20~22厘米的挞派模具 + 平底锅

8人份

准备时间：1小时15分钟　冷却时间：3小时
烘焙时间：50分钟

淋面配料
100克白巧克力碎，20克开心果酱，200毫升全脂液状奶油

挞底配料
140克软黄油，75克糖粉，1个鸡蛋，2克盐，250克T55号面粉，25克杏仁粉

奶油配料
50克软黄油，1汤匙开心果酱，50克细砂糖，50克开心果碎，50克鸡蛋（1个），1汤匙面粉（可根据情况决定用量）

红酒雪梨配料
3个梨，500毫升红葡萄酒，170克细砂糖，1个橙子的橙皮屑，1根带花纹的擀面杖，1颗茴香，1根香草荚

定型配料
适量醋栗，50克碾碎的开心果

红酒雪梨开心果挞

淋面做法

将白巧克力碎和开心果酱放入搅拌盆。在平底锅内，将全脂液状奶油加热至沸腾，再将沸腾的奶油倒入白巧克力碎开心果酱的混合物中。稍等片刻后，用刮刀将之调和均匀，用保鲜膜将其包裹起来，放入冰箱冷藏至少3小时。

挞底做法

在一个搅拌盆里将软黄油和糖粉混合。将鸡蛋和盐放入碗里，用手动打蛋器轻轻搅打。然后把混合了糖粉的黄油倒入，不停地搅拌，直至形成稳定且均匀的泡沫。将面粉和杏仁粉倒入上述混合液中，揉成一个球，再将其压平，并用保鲜膜将它包好，放入冰箱冷藏1小时以上。

将面粉轻撒在操作台上，用擀面杖将面饼擀平，使之厚度为2~3毫米。将它压入涂了黄油的挞派模具内并放入冰箱冷藏。随后准备制作奶油，并将烤箱预热至180℃。

奶油做法

用厨师机将牛油果、开心果酱和细砂糖进行搅拌。再加入开心果碎，使之混合均匀，再加入鸡蛋，或有需要再添加少许面粉。

在挞底铺上一层奶油，大约为三分之二左右，将其放入烤箱烘烤25~30分钟。

红酒雪梨做法

梨去皮后放入平底锅，倒入红葡萄酒、细砂糖、橙皮屑、茴香及香草荚，在上面放一张圆形的烘焙纸，然后用文火慢煮20分钟，要随时转动梨，特别注意要让梨浸润于液体中。煮好后将梨捞出，沥干水分并冷却。

装饰定型

用厨师机或手动打蛋器搅拌巧克力淋面,将其放入装有条纹形裱花嘴的裱花袋中。将煮熟的梨一切为二,用汤匙将梨核挖出后将梨肉切成薄片。将梨片和醋栗铺在挞上,用裱花袋将巧克力淋面挤成玫瑰花状,并点缀上一些开心果碎。放入冰箱冷藏,食用前取出。

小贴士Tips

- 煮梨时可以加入少许红色调色粉,可使颜色更鲜艳。
- 在梨上插入一把刀,这样较易将梨取出。
- 在开心果奶油中加入面粉是随意的,这是为了避免混合物在加热时太过膨胀。

布列塔尼小豆蔻烤饼

Sablés bretons à la cardamome, crème vanille & verveine

工具

搅拌盆 + 刮刀 + 电动打蛋器 + 食用保鲜膜 + 擀面杖 + 锡纸
+ 8个直径8厘米的圆形切割模具 + 平底锅 + 厨用温度计 + 硅胶垫 + 筛网
+ 长方形模具 + 裱花袋 + 花纹形裱花嘴

8人份

准备时间：1小时　烘烤时间：21分钟
静置：1小时

布列塔尼烤饼配料

2个蛋黄，85克糖粉，95克有盐软黄油，125克面粉，6克泡打粉，
5颗小豆蔻

奶油配料

2.5片明胶片（5克），250毫升全脂牛奶，1根香草荚，10片马鞭草叶，40克蛋黄（2个鸡蛋），
50克细砂糖，25克玉米淀粉，20克黄油，200毫升液状奶油，
20克糖粉

乳白糖片配料

90克翻糖膏，50克葡萄糖浆

装饰定型配料

数片新鲜的马鞭草叶

布列塔尼小豆蔻烤饼

布列塔尼烤饼做法

将蛋黄和糖粉一起搅拌直至颜色变白。加入有盐软黄油，搅拌均匀，再加入面粉和过筛后的泡打粉。

剥去小豆蔻的外壳，把种子敲碎，加入到面团里，快速揉面，使豆蔻在面团中均匀分布，然后揉成一个面团。将面团轻轻压扁，用保鲜膜将其包裹后放入冰箱冷藏1小时。

烤箱预热至180℃。将面团从冰箱中取出。用圆形切割模具在面饼上切出数个小圆饼，将小圆饼连同模具一起放在铺好烘焙纸的烤盘上，放入烤箱烘烤15分钟后取出，放在搁架上冷却。

奶油做法

刮出香草荚中的香草籽。将明胶片放入一碗冷水中浸泡10分钟。将牛奶倒入平底锅里加热，放入香草籽，再放上马鞭草叶。

取一个搅拌盆，将蛋黄、细砂糖、玉米淀粉一起搅拌，待牛奶煮沸后，将其慢慢地倒入上述混合物内，随后立即搅拌，再放入平底锅里反复搅动，边慢慢加热边搅拌。待混合物煮沸并变稠，继续加热1~2分钟，加入黄油。将明胶片滤水，放入正在加热的奶油中，最后用保鲜膜把混合物包起来，令其在常温下冷却。

搅拌液状奶油，加入糖粉，继续搅打直至成为黏稠的搅打稀奶油。继续搅拌使其更顺滑。取三分之一的搅打稀奶油，用刮刀放入上述已冷却的混合物中，继续搅拌直至均匀，然后将剩余的搅打稀奶油全部放入。将全部混合好的稀奶油装入一个配有花纹形裱花嘴的裱花袋中，并将其放入冰箱冷藏备用。

乳白糖片做法

将烤箱预热至180℃。将翻糖膏和葡萄糖浆放入平底锅，加热至160℃。将混合物倒在硅胶垫上冷却。将形成的薄片打散，再混合在一起。

取筛网，将打散的碎片过筛后撒在一个长方形模具内，并在模具下面铺一层硅胶垫，不断地重复上述动作，直至形成8片乳白糖片。放入烤箱烘烤2~3分钟，使其变硬，冷却后，再将其取出。

装饰定型

在每个烤饼上用裱花袋挤出若干奶油，装饰上乳白糖片和马鞭草叶。

小贴士Tips

- 一定要让布列塔尼小豆蔻烤饼在圆形模具里烘焙，使其能保持规矩的漂亮外形。
- 布列塔尼小豆蔻烤饼的厚度不宜超过0.5厘米，薄些为佳。
- 可以提早一天制作奶油或当你在制作布列塔尼小豆蔻烤饼时再制作奶油。
- 若没有长方形模具来制作乳白糖片，可以用硬卡纸剪出一个模具。

巧克力&红辣椒慕斯布朗尼

Délice de mousse au chocolat & piment d'Espelette

工具

搅拌盆 + 平底锅 + 刮刀 + 烘焙纸或硅胶垫 + 电动搅拌器
+ 长方形模具（布朗尼蛋糕模具）+ 2个裱花袋 + 木柴纹裱花嘴

8~10人份

准备时间：1小时　烘焙时间：20分钟
冷却时间：3小时

巧克力淋面配料

55毫升+150毫升液状全脂奶油，10克槐花蜂蜜，100克牛奶巧克力，
1/2咖啡匙红辣椒粉

布朗尼蛋糕配料

190克黄油，335克黑巧克力，3个鸡蛋，165克细砂糖，95克面粉，1小撮盐

装饰配料

100克黑巧克力，红辣椒粉，金箔

巧克力淋面做法

将牛奶巧克力切成碎块。将55毫升液状全脂奶油和蜂蜜放入平底锅中加热直至沸腾,将其倒在巧克力碎块上,用刮刀搅拌使之乳化。再加入150毫升液状全脂奶油和红辣椒粉,搅拌均匀,放入冰箱冷藏至少3小时。

布朗尼蛋糕做法

将烤箱预热至190℃。将黄油融化,并将黑巧克力隔水加热。在搅拌盆里打发鸡蛋,加入细砂糖、面粉、盐,再次进行搅拌。再加入上述奶油和巧克力的混合物,直至搅拌均匀。

将制作好的混合物倒入长方形模具中,放入烤箱烘烤15~20分钟,直至蛋糕上层的表皮变脆。烘焙结束后,将它从模具中取出,置于搁架上冷却。

装饰

用隔水蒸的方法融化黑巧克力,降温后倒入裱花袋中。在硅胶垫上,用极快的手法画出方格状的装饰图案,并置于阴凉处降温。

定型

将布朗尼蛋糕切成长方形,搅拌巧克力淋面直至出现黏稠的泡沫,将之倒入配有木柴纹裱花嘴的裱花袋中。在长方形蛋糕上挤出木柴纹路,然后放上巧克力装饰,撒上少许红辣椒粉,并点缀上一些金箔。

小贴士Tips

- 为了使布朗尼蛋糕拥有良好品相,可将蛋糕翻转,将巧克力淋面挤在光滑的一面。
- 用木柴纹的裱花嘴做出海浪纹路,使蛋糕更美观。

☆★☆

草莓千层酥

Tarte feuilletée aux fraises & au poivre de timut

工具

搅拌盆 + 食用保鲜膜 + 擀面杖 + 烘焙纸 + 平底锅 + 手动打蛋器
+ 裱花袋 + 螺纹裱花嘴 + 边长约24厘米的方形模具 + 打蛋器

8人份

准备时间：1小时30分钟　烘焙时间：1小时5分钟
冷藏时间：2小时10分钟

千层酥底配料

和面：400克T55号面粉，200毫升凉白开，50克软黄油，10克盐，
片状黄油：250~300克干黄油（脂肪成分需达到84%）

草莓果酱配料

230克草莓，90克黄糖，1/2咖啡匙胡椒粒，1/2根香草荚

搅打稀奶油配料

180毫升低温液状全脂奶油，30克马卡斯彭奶酪，1/2咖啡匙胡椒粉，
20克糖粉

装饰配料

300克草莓

❀ 草莓千层酥 ❀

千层酥底做法

把面粉倒入搅拌盆中，在中间位置用手指挖出一个井状的小凹槽，向内倒入凉白开、软黄油、盐，然后用手指慢慢将其混合。当所有成份混合均匀，将其揉成面团，压扁后再压成长方形，用保鲜膜包裹后将其放入冰箱冷藏至少1小时。

制作片状黄油：将干黄油用两张烘焙纸包起来，用擀面杖大力敲打直至变软，然后塑形成方形，厚度为0.5厘米，将其放入冰箱冷藏。

千层酥做法

从冰箱里取出面团，放在一张撒了薄面粉的操作台上，将其推平呈长方形，长度是宽度的两倍。

将片状黄油置于面团中央，将黄油由下自上向四边揉压，使其和面团厚度一致，并与面团四周边缘重叠。

再将面团向长度方向延展，使其长度是宽度的三倍。将面团旋转1/4圈，使开口处位于右侧，用擀面杖压面团，并将边缘围拢起来，再向长度方向延展。重复上述操作一次，用保鲜膜将面团包起来，放入冰箱冷藏30分钟。

再重复上述操作三次、四次，分别放入冰箱冷藏20分钟，然后再以同样方式操作第五次、第六次，分别再放入冰箱冷藏20分钟。

草莓果酱做法

将草莓一切为二或四块，将所有调料放入平底锅，小火加热25~30分钟，并不断搅动直至草莓融化。离火，冷却至室温，再放入冰箱冷藏。

烘焙千层酥底

将烤箱预热至180℃。把面团有规则地排开，厚度为2毫米。用方形模具压出一个方块，再切出两条宽1.5厘米的长条，稍微将两边弄潮湿，粘在方形面块的两边，并轻轻压上。把方形面块的卷边轻轻用刮刀或刀背切除，再将方形面块放在铺有烘焙纸的烤盘上，放入烤箱烘烤30~35分钟，取出后放在搁架上冷却。

搅打稀奶油做法

将搅拌盆和手动打蛋器放入冰箱冷藏10分钟后取出,将液状全脂奶油和马斯卡彭奶酪放入搅拌盆,再加入胡椒粉,随后开始轻轻搅拌,逐渐加速,待奶油膨胀并粘住打蛋器时,撒入糖粉继续搅拌,直到将搅拌盆倒扣时搅打稀奶油会黏住搅拌盆。将搅打稀奶油装入配有螺纹裱花嘴的裱花袋中。

装饰

将草莓一切为四块。在做好的千层酥皮底部涂上薄薄一层草莓果酱,再将草莓均匀排列于其上。将搅打稀奶油挤在酥皮空隙处进行装饰,可以再添加少许胡椒粒。

小贴士Tips

- 胡椒的味道会激发草莓的香味,带来惬意的口感,可选用不同产地的胡椒,甚至四川出产的胡椒,或者玫瑰酱也可以。
- 多余的千层面团可以用保鲜膜包好,放入冰箱里冷藏两天;如果放入冷冻室,可以保存一个月。

可可芒果天使蛋糕

Angel cake Coco & mangue

工具

搅拌盆 + 厨师机 + 手动打蛋器 + 刮刀 + 直径20厘米的蛋糕模具
+ 直径4厘米的圆形切割模具 + 裱花袋 + 螺纹裱花嘴

8人份

准备时间：40分钟　烘焙时间：35分钟

蛋糕坯配料

60克面粉，20克玉米淀粉，160克细砂糖，8个蛋白，
1/2咖啡匙鞑靼奶油或1咖啡匙柠檬汁

搅打稀奶油配料

150毫升低温全脂液状奶油，30克马斯卡彭奶酪，40克糖粉，
50克椰丝

装饰定型配料

1个较熟的芒果，1个青柠檬，1汤匙椰丝（略炒）

蛋糕坯做法

烤箱预热至180℃。将面粉、玉米淀粉和100克细砂糖混合在一起。用厨师机将蛋白搅打成雪白状泡沫,加入鞑靼奶油和剩余的细砂糖继续搅打,直至其变得坚实。用刮刀小心翼翼地加入面粉、玉米淀粉和细砂糖的混合物中,分三次加入。

将面团放入没有加入黄油的蛋糕模具内,将表面整理光滑,并在案板上轻拍模具以消除面团中的气泡,将其放入烤箱烘烤30~35分钟。

从烤箱中取出后,将蛋糕置于搁架上并将模具倒扣过来。待蛋糕稍凉后,用刀锋顺着内壁将模具取下,将蛋糕放在平盘上。

搅打稀奶油做法

将液状奶油与马斯卡彭奶酪用手动打蛋器混合搅打,直至奶油变稠并呈泡沫状。加入糖粉,继续搅打直至混合物变黏稠。用刮刀小心翼翼地拌入椰丝,然后将其倒入裱花袋中,配上螺纹裱花嘴,放入冰箱冷藏。

装饰

将芒果去皮并切成薄片,青柠檬去皮并挤汁。用直径4厘米的圆形切割模具从芒果片上截取出小圆片,滴上青柠檬汁使之不易变黑。

定型

将芒果圆片依次叠加在蛋糕表面,排列成圆形。将搅打稀奶油挤在天使蛋糕的空隙内,食用前撒上青柠檬皮及略炒过的椰丝。

小贴士Tips

- 为了使蛋糕有更多的空隙且不至于塌陷,注意不要在模具内涂黄油。有些特别的硅胶模具可方便将蛋糕取出。
- 为了使蛋糕完整,使模具的内壁光滑,可用抹刀进行刮取。
- 鞑靼奶油要去专门店购买,或在网店购买。
- 用保鲜膜将蛋糕坯包裹好,将其放在干燥及空气流通处,可以存放三天。
- 为了使装饰更精致,可将搅打稀奶油放入装有圣人泡芙(Saint Honore)奶油的裱花袋中,沿着芒果片的边缘进行装饰。

☆☆☆

迷你焦糖苹果挞

Tartelettes fines pommes & caramel

工具

搅拌器 + 平底锅 + 食用保鲜膜 + 擀面杖 + 烘焙纸 + 筛网
+ 直径15厘米的圆形切割模具 + 2根木筷 + 案板

6人份

准备时间：1小时20分钟　烘焙时间：35分钟
冷藏时间：2小时10分钟

可可挞底配料

和面：375克T55号面粉，40克可可粉，200毫升凉白开，50克软黄油，10克盐，
起酥黄油：250~300克干黄油（须含84%油脂）

苹果馅配料

5~6个苹果，1个柠檬，30克黄油，30克细砂糖

焦糖发丝配料

200克细砂糖

迷你焦糖苹果挞

可可挞底做法

将面粉和过筛后的可可粉倒入搅拌盆中，在中间位置用手指挖出一个井状小凹槽，向内倒入凉白开、软黄油、盐，然后用指尖慢慢地调和，混合均匀后捏成一团，将其压扁，然后揉成长方形，用保鲜膜将其包裹好，放入冰箱冷藏1小时。

制作起酥黄油：将干黄油放于两张烘焙纸中间，用擀面杖使劲敲打使其变软，再擀成0.5厘米厚的方形片后放入冰箱冷藏。

将和好的面团从冰箱里取出，在稍微撒上面粉的案板上将其摊成长方形，长度要超过其宽度的两倍。将起酥黄油置于面团中央，然后将面饼的长边卷上来，注意要令面团四周厚度均匀，并将各边角按压平整。

将面团横向摊开，使其长度和宽度更长，这样第一遍摊开后，将面团按丁层派的做法折起来，将面团旋转1/4圈，使其开口处在右边，用擀面杖压平四周边缘，然后再将面团横向摊开，重复一遍上述操作，将面团用保鲜膜包起来，放入冰箱冷藏30分钟。再重复第三遍、第四遍，分别放入冰箱冷藏20分钟，再重复第五遍、第六遍，再分别放入冰箱冷藏20分钟。

取出后，将面团摊平，厚度约2毫米，用圆形切割模具切割出6个圆饼，放入冰箱冷藏。

苹果馅做法

苹果去皮、去核，切成薄片，淋上柠檬汁避免其变黑。将黄油放入微波炉中融化，再加入细砂糖搅拌。

将烤箱预热至180℃。将圆形面饼从冰箱中取出，将苹果薄片卷成玫瑰花形，铺在圆饼上，然后涂上加了糖的黄油，放入烤箱，注意烤盘上需垫上烘焙纸。约30分钟之后将烤盘取出，放在搁架上冷却。

焦糖发丝做法

在案板上铺上烘焙纸,用两根木筷垫在案板下,并让筷子超出桌面,与铺好烘焙纸的案板平行。

用平底锅将细砂糖加热,当其变成琥珀色时离火。将锅置于一块抹布上,并稍稍倾斜,稍等片刻后,让焦糖浓集,然后用叉子插入,不断搅动,这样就形成了长的细丝。用叉子将其捞出置于筷子上,这样这些糖丝就粘在2根筷子周围了。用手将这些焦糖丝做成小圆球状,然后放到苹果挞上,就大功告成了。

小贴士Tips

- 焦糖丝极为脆弱,更不能受潮。请在食用前再制作。
- 可以给苹果挞配一个香草味冰淇淋球或苹果味冰淇淋球。
- 在铺苹果薄片时,要尽量铺得厚一些,因为在烘焙过程中苹果会缩水。
- 将制作千层派底的边角料收集起来,可制作成小饼干:撒上细砂糖做成螺旋形,放入烤箱烘烤,直至其膨胀且变松脆为止。

三色巧克力挞

Tarte aux trois chocolats

工具

搅拌盆 + 平底锅 + 刮刀 + 擀面杖 + 直径20厘米的甜点圈
+ 直径8厘米的饼干模具 + 烘焙纸 + 食用保鲜膜 + 筛网
+ 厨师机 + 3个裱花袋 + 3个标准裱花嘴

6人份

准备时间：1小时40分钟　　冷藏时间：1夜晚+1小时
烘焙时间：1小时

三色巧克力淋面配料

黑巧克力淋面：350毫升+750毫升全脂液状奶油，10克转化糖浆或蜂蜜，
50克淋面用的黑巧克力
牛奶巧克力淋面：250毫升+750毫升全脂液状奶油，5克转化糖浆或蜂蜜，
50克淋面用的牛奶巧克力
白巧克力淋面：250毫升+750毫升全脂液状奶油，5克转化糖浆或蜂蜜，
50克淋面用的白巧克力

可可碎配料

40克榛子磨成粉，20克软黄油，25克面粉，10克可可粉，50克细砂糖，1小撮精盐

挞皮配料

2个蛋黄，85克糖粉，95克有盐软黄油，1/2根香草荚，
125克面粉，6克泡打粉

舒芙蕾配料

75克黑巧克力，40克膨化米花

三色巧克力挞

提前一天，制作淋面和可可碎

将三色巧克力分别捣碎，按每色巧克力淋面配料所示，将第一份标明份量的全脂液状奶油（350毫升兑入黑巧克力，250毫升兑入牛奶巧克力，250毫升兑入白巧克力）和转化糖浆放入平底锅中加热，直至沸腾。

用刮刀缓缓地将倒入的每种巧克力乳化，加入剩下的全脂液状奶油（每种巧克力淋面兑入750毫升），使之混合均匀，用保鲜膜包裹，放入冰箱冷藏一个晚上。

制作可可碎：用刮刀将所有配料混合后，用手揉成一个面团，放入冰箱冷藏一个晚上。

当天，制作挞皮

将蛋黄与糖粉搅拌使其变白，加入有盐软黄油和香草籽，搅拌均匀。

用刮刀加入面粉和过筛后的泡打粉，揉成面团，之后用保鲜膜包好，放入冰箱冷藏至少1小时。

将烤箱预热至180℃。将面团放在两张烘焙纸中间，厚度为0.5厘米左右。将上层的烘焙纸取走，将直径20厘米的甜点圈轧入面饼，再在中央轧入直径8厘米的饼干模具，随后将多余的面团部分特别是中央圆圈取走，使其处于中空状态，放入烤箱烘烤15~20分钟。取出后冷却，随后取下2个甜点圈，将挞皮放在搁架上继续冷却。

将烤箱温度降至150℃。将可可碎面团放入烤箱烘烤25~30分钟，取出后冷却。

舒芙蕾做法

将巧克力敲碎,隔水蒸使其融化。加入膨化米花,淋上巧克力。再将做好的舒芙蕾放在挞皮上,放入冰箱冷藏30分钟。

装饰定型

将三色淋面分别放入配有3个标准裱花嘴的裱花袋中,先在挞的最外圈挤上一圈黑巧克力淋面,然后在内圈挤上一圈牛奶巧克力淋面,在最内圈挤上白巧克力淋面。再撒上专用于挞顶部的可可碎,即可享用。

小贴士Tips

- 转化糖浆多用在甜点制作中,尤其在制作巧克力淋面时,可保持其湿度和软度。如果没有的话,可用槐花蜂蜜代替。
- 经过快速搅拌的淋面有浅浅的纹理,比传统的奶糊更有空隙。
- 如果有多余的面团,将它用保鲜膜包好,以备下次再用。
- 如果可可碎末有剩余,放入密封罐可以保持数日,用其制作酸奶、果酱或其他乳制品,可增加香味。
- 可以在超市购买膨化米花。

柠檬&牛轧糖慕斯达克瓦兹

Dacquoise à la mousse citron & nougatine

工具

电动搅拌器 + 搅拌盆 + 平底锅 + 筛网 + 裱花袋
+ 标准裱花嘴 + 烘焙纸 + 刮刀 + 抹刀
+ 打蛋器 + 2张硅胶垫 + 擀面杖 + 甜点框 + 透明胶带纸

12人份

准备时间：1小时15分钟　冷却时间：2小时
烘焙时间：25分钟

达克瓦兹蛋白饼配料

180克糖粉，160克榛子粉，40克T55号面粉，250克蛋白（约8个鸡蛋），

柠檬慕斯配料

4片明胶片（8克），250毫升柠檬汁，3个鸡蛋，100克细砂糖，
30克玉米淀粉，200毫升低温液状全脂奶油

柠檬冻配料

2个柠檬，4个鸡蛋，150克细砂糖，100克黄油

牛轧糖配料

60克捣碎的榛子，50克葡萄糖浆，125克细砂糖，10克黄油

定型配料

1个柠檬

柠檬&牛轧糖慕斯达克瓦兹

达克瓦兹蛋白饼做法

将烤箱预热至180℃。将糖粉、榛子粉和面粉混合过筛一次。搅打蛋白至泡沫状,加入糖粉后继续搅拌,直至获得厚实的奶油夹心蛋白。加入过筛后的混合物,用刮刀搅拌,然后将其放入裱花袋,配上标准裱花嘴。

将蛋糕坯放在铺好烘焙纸的烤盘上,并用甜点框旋转式套在蛋糕上,放入烤箱烘烤12~15分钟,取出后放在搁架上冷却,随后取走烤盘上的烘焙纸。

柠檬慕斯做法

将明胶片放入冷水中浸泡10分钟。用平底锅加热柠檬汁。分离蛋白与蛋黄。在搅拌盆内,加入细砂糖、玉米淀粉、蛋黄。待柠檬汁煮至沸腾,将其缓缓地倒入搅拌盆中的混合物中,并搅拌均匀。然后将其全部倒入平底锅中,加热,直至混合物变黏稠。离火,加入沥干水分的明胶片。

将蛋白打发至白雪状,加入到刚才加热好的混合物中。再倒入低温液状全脂奶油,用抹刀将它们混合在一起。

柠檬&牛轧糖慕斯达克瓦兹

组合

在甜点框内围上透明胶带纸。放入第一片长方形蛋糕,浇上薄薄的一层柠檬慕丝,用抹刀将其铺平,再放入第二片长方形蛋糕,再放入剩下的柠檬慕斯。重复上述动作,最后再加上一层慕斯,放入冰箱冷藏至少2小时。

柠檬冻做法

柠檬挤汁,将鸡蛋液、柠檬汁和细砂糖隔水蒸,不断搅动直至混合物变黏稠(约需十余分钟)。熄火后加入黄油,调和均匀,放入冰箱冷藏至少1小时。

牛轧糖做法

将烤箱预热至150℃。将捣碎的榛子铺在垫有烘焙纸的烤盘上,放入烤箱烘焙5~10分钟,取出后不断搅动,使其保持热的状态。

在平底锅中加热葡萄糖浆,随后撒入细砂糖,使其慢慢成为焦糖。当呈现漂亮的琥珀色时,加入黄油,搅匀,熄火,加入尚有热度的榛子碎粒,再淋上焦糖,最后将成品置于硅胶垫上。用硅胶垫将混合物揉成团状,从边缘向中心卷,在上面再铺上第二张硅胶垫,并用擀面杖将其擀至3厘米左右的厚度,待其冷却后抽走上面的硅胶垫,将牛轧糖捣成碎块。

最后定型

取下甜点框及透明胶带纸,在上面铺上一层漂亮的柠檬冻,然后撒上牛轧糖碎块,再加上几片柠檬片做点缀。

小贴士Tips

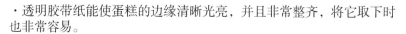

· 透明胶带纸能使蛋糕的边缘清晰光亮,并且非常整齐,将它取下时也非常容易。

· 可以提前一天制作柠檬冻和牛轧糖,但是柠檬冻可以置于冰箱中冷藏,而牛轧糖只能放在空气流通及干燥处(千万别放入冰箱),以免它因潮湿而变黏、变软。

苹果花黑香豆派

Tarte en fleurs pommes & tonka

工具

搅拌盆 + 平底锅 + 手动打蛋器 + 厨用刨片器 + 蔬菜削条器
+ 挞派模具 + 食用保鲜膜
+ 烘焙纸 + 厨用珠状填充物

6人份

准备时间：1小时20分钟　冷藏时间：1小时30分钟
烘焙时间：35分钟

挞底配料

140克软黄油，75克糖粉，1个鸡蛋，2克盐，250克T55号面粉，
25克杏仁粉

黑香豆奶油配料

250毫升全脂牛奶，半颗黑香豆（Tonka bean，瓶装），40克蛋黄（2个鸡蛋），
50克细砂糖，25克玉米淀粉，15~25克黄油（随意）

苹果花配料

5个苹果，500毫升水，120克细砂糖，1个柠檬挤汁

注：黑香豆（Tonka bean），也称零陵香豆，是一种香料。

苹果花黑香豆派

挞底做法

在搅拌盆中，将糖粉与黄油混合搅拌直至泡沫稳定为止。将鸡蛋、盐混合，用手动打蛋器轻轻搅拌，然后加入之前的混合物，共同搅拌直至均匀。加入面粉和杏仁粉，但不必过多搅拌。将其揉成一个面团，压扁后用保鲜膜包裹，放入冰箱冷藏至少1小时。

黑香豆奶油做法

用刨片器将黑香豆削成丝，在平底锅中加热牛奶和黑香豆丝。在搅拌盆里搅打蛋黄、细砂糖、玉米淀粉。当牛奶煮沸，将其缓缓地倒入上述混合物中，不停地搅拌。将混合物倒入平底锅中再加热，并不断搅拌，直至混合物沸腾并变稠，继续煮沸1~2分钟，熄火，加入黄油。将奶油放在案板上，包上保鲜膜，在常温下冷却后放入冰箱冷藏至少30分钟。

挞底做法

烤箱预热至180℃。将面团摊成2~3毫米的厚度，压入预先涂过黄油的挞派模具中，铺上一张烘焙纸并将厨用珠状填充物铺上，放入烤箱烘烤15~20分钟。之后，将其置于搁架上冷却。

苹果花做法

将苹果清洗后切成细薄片。锅中倒入水、细砂糖、柠檬汁，煮沸，将苹果薄片浸入其中约30秒，直至它们变软，然后将苹果片取出放到吸水纸上吸干水分。取一些苹果薄片，将它们叠起来并排列好，然后再卷成圆柱体，在每一端的边缘处切下2厘米深，使之成为两朵小花。重复上述动作，直至苹果薄片全部用完，然后放入冰箱冷藏。

装饰

搅拌黑香豆奶油，使之细滑，并将其铺到预先做好的挞底上，将苹果花整齐地排列在表面。

☆☆☆

开心果巧克力泡芙

Cube de choux à la pistache & au chocolat

工具

搅拌盆 + 平底锅 + 裱花袋 + 标准裱花嘴（2个小号+1个大号）+ 烘焙纸 + 食用保鲜膜 + 擀面杖 + 饼干模具 + 厨师机 + 厨用温度计 + 刮刀

4人份

准备时间：1小时30分钟　冷藏时间：1~2小时
烘焙时间：50分钟

开心果和巧克力奶油配料

250毫升全脂牛奶，40克蛋黄（2个），50克细砂糖，25克玉米淀粉，20克黄油，1汤匙开心果糊，30克黑巧克力，1咖啡匙可可粉

曲奇饼干配料

50克软黄油，60克粗红糖，1小匙精盐，60克T55号面粉

泡芙配料

120毫升凉白开，125毫升牛奶，1小咖啡匙盐，90克黄油，125克T55号面粉，210克鸡蛋（4~5个）

造型配料

150克甜点助溶剂，栗色调色粉，绿色调色粉，50克细砂糖，捣碎的开心果

开心果巧克力泡芙

奶油做法

在平底锅中将牛奶加热。在搅拌盆内放入蛋黄、细砂糖、玉米淀粉，混合搅拌。当牛奶沸腾后，将其缓缓地倒入搅拌盆中的混合物中，并不停地搅拌。

再把混合物倒入平底锅中，加热，并不断搅拌，直至混合物沸腾并变黏稠。继续加热1~2分钟，加入黄油，然后将搅拌好的混合物分别放在两个搅拌盆内。

在第一个搅拌盆内加入开心果糊。把巧克力捣碎，用隔水蒸的方法使其融化，然后在搅拌盆内加入可可粉，用保鲜膜覆盖好，让它在常温中冷却，然后放入冰箱内冷藏1~2小时。

曲奇饼干做法

在平底锅内将软黄油加以搅拌，加入盐并用刮刀搅拌，直至混合物质地均匀，随后再加入面粉，继续搅拌至均匀。

将搅拌好的面团放于两张烘焙纸中间，用擀面杖将其擀成厚度为2毫米左右，然后放入冰箱冷藏。

泡芙做法

烤箱预热至170℃。在一口平底锅中将凉白开、牛奶、盐和黄油加热，当黄油完全融化、液体开始沸腾时，一次性将面粉加入并大力用刮刀搅拌。

将火关小，继续搅拌，直至面团形成一个圆球。将面团取出时，会在锅底留下一层胶片似的薄膜。将面团放在一个沙拉碗中，待其冷却。

将鸡蛋逐一加入面团中，注意要等前一个鸡蛋完全融入面团后再加入另一个鸡蛋，鸡蛋的数量要根据不同的参数而定（面粉的湿度，面团的干燥程度等）。面团应该呈细滑、光亮和均匀的状态。

将泡芙面团放入一个装有标准裱花嘴的裱花袋内，在铺有烘焙纸的烤盘上挤出约16个泡芙。用饼干模具制作出与泡芙大小相同尺寸的曲奇饼干，并将泡芙置于饼干上，放入烤箱烘烤30~35分钟，直至泡芙表面变成金黄色，取出后放在搁架上冷却。

装饰和定型

将之前做好的奶油从冰箱中取出，略搅拌后放入一个配有裱花嘴的裱花袋内。

在每个泡芙的底部用小号裱花嘴钻出一个小洞，加入一半巧克力奶油、一半开心果奶油。准备两个隔水蒸碗，在第一个碗中放入75克甜点助溶剂和少许栗色调色粉，同时在第二个碗中放入75克甜点助溶剂和绿色调色粉，将助溶剂放好后用刮刀大力地搅动，直至它们变成液状，要注意温度不超过40℃。将巧克力泡芙浸入栗色调色粉，用手指抚平使其光滑，用同样动作将开心果泡芙放在绿色调色粉中。将细砂糖放入平底锅中加热，直至其变为焦糖，将泡芙浸入焦糖中，让它们相互黏合。最后在挞中央放上8个巧克力泡芙，在外层再粘上8个开心果泡芙，撒上适量捣碎的开心果碎。

小贴士Tips

- 为了使助融剂更易融化，可以加入少许水。
- 如果在制作过程中温度超过40℃，助融剂会失色。
- 剩余的助融剂及调色粉可放入密封罐内，放入冰箱冷藏，在第二天制作泡芙或奶油酥时使用。

与众不同的柑橘薄荷小泡芙

Éclairs pas comme les autres aux agrumes & à la menthe

工具

搅拌盆 + 平底锅 + 刮刀 + 烘焙纸 + 硅胶垫 + 小漏斗
+ 饼干模具 + 擀面杖
+ 裱花袋 + 标准裱花嘴 + 电动打蛋器

6人份

准备时间：1小时20分钟　烘焙时间：40分钟
（+45分钟用于糖渍橙子）冷藏时间：3小时

奶油柑橘薄荷配料

2片明胶片，1个柚子，1个橙子，100克柑橘汁（橙子和柚子混合），170克白砂糖，8~10片薄荷叶，200克鸡蛋（约4个），160克冷黄油

曲奇饼干配料

100克软黄油，橙皮（半个橙子），120克粗红糖，1小匙精盐，120克T55号面粉

泡芙面团配料

125毫升凉白开或牛奶，1小咖啡匙盐，45克黄油，65克T55号面粉，105克鸡蛋（约2个）

糖渍橙子配料

2个橙子，250克白砂糖，250克凉白开

定型配料

薄荷叶数片

奶油柑橘薄荷做法

将明胶片放入一个盛有凉水的大碗中浸泡10分钟使其软化。将柚子、橙子去皮后放入平底锅中，加入柑橘汁、70克白砂糖、薄荷叶，慢慢加热。

在搅拌盆里，将鸡蛋和剩余的100克白砂糖混合，随即开始搅拌，然后将其倒入平底锅中加热，慢慢地搅动，直至混合物变黏稠。将混合物倒入一个干净的搅拌盆中，加入脱水后的明胶片，让它冷却。当混合物达到常温时放入冷黄油，用电动打蛋器搅拌。将搅打好的奶油放入裱花袋，配上标准裱花嘴，放入冰箱冷藏不少于3小时。

曲奇饼干做法

将软黄油与精盐、橙皮、粗红糖混合搅拌。当混合物呈均匀状时加入面粉，再把混合好的面团放入两张烘焙纸之间，压成厚度为2毫米左右的面饼，将其放入冰箱冷藏。此时开始制作泡芙面团。

与众不同的柑橘薄荷小泡芙

泡芙面团制作

烤箱预热至170℃。平底锅中倒入水（或牛奶）、盐、黄油，加热，当黄油完全融化，液体开始沸腾时，一次性加入面粉，然后用刮刀搅拌。将火调小，并继续搅拌，直至面团形成一个圆球。将面团取出时，会在锅底留下一层胶状的薄膜，将面团放在一个碗中，让其冷却。

把鸡蛋逐一加入面团中，注意要等前一个鸡蛋完全融入面团后再加入另一个鸡蛋，鸡蛋的数量要根据不同的参数而调整（面粉的温度，面团的干燥程度等）。面团应该呈细滑、光亮和均匀的状态。

将泡芙面团装入一个配有标准裱花嘴的裱花袋内，然后在铺上烘焙纸的烤盘上放置小饼干，每个饼干之间放置有间隔的3个泡芙（泡芙在烘焙过程中会膨胀，并相互黏合），3个泡芙中间的那个要做得特别大一些。用与泡芙大小一样的饼干模具切割出曲奇饼干，放在泡芙上面，然后放入烤箱烘烤30~35分钟。取出后放在搁架上，让其冷却。

糖渍橙子做法

清洗橙子,并将其切成薄薄的圆片,厚度约为2毫米。在平底锅内加入凉白开和白砂糖,加热至沸腾,调小火后,再加入橙片煮15分钟,随后熄火令其冷却。重复这一动作三至四次,直至橙片变成半透明状。

用厨房纸吸干橙片的水分,如果仍旧很湿润,可以把它们放入烤箱的烤盘上并裹上烘焙纸,将烤箱预热至100℃,烘烤30分钟。

装饰和定型

在泡芙的底部用标准裱花嘴戳一个小洞,小心翼翼地操作,用裱花袋为其填上奶油。

在每块糕点上放3片糖渍橙片,用刀尖在每片橙片上放少许奶油,并配上1片小薄荷叶,放置于阴凉处直至食用。

小贴士Tips

- 提前一天就可以制作奶油柑橘和糖渍橙子。
- 可将剩余的制作曲奇的面团揉成一团,将其重新摊平,放入冰箱冷藏,以备下次再用。
- 如果在烘焙后泡芙仍不够干燥,可将烤箱温度降至150℃,延长烘烤时间10~15分钟。

爱的泡芙

Choux façon pomme d'amour

工具

搅拌盆 + 平底锅 + 电动打蛋器 + 刮刀 + 甜点刮板 + 烘焙纸 + 裱花袋 + 标准裱花嘴 + 饼干切割模具 + 擀面杖 + 厨师机

8人份

准备时间：1小时20分钟　冷藏时间：2小时
烘焙时间：35分钟

百香果奶油配料

4.5片明胶片（9克），135克番茄，150克鸡蛋（约3个），115克细砂糖，120克冻黄油

曲奇饼干配料

50克软黄油，60克粗红糖，1小撮精盐，60克T55号面粉

泡芙面团配料

125毫升凉白开，125毫升牛奶，1小匙精盐，90克黄油，125克T55号面粉，210克鸡蛋（4~5个）

红色焦糖配料

4汤匙水，240克细砂糖，粉状红色调色粉（根据所需颜色决定用量），60克葡萄糖浆

定型配料

50克白芝麻，醋栗适量

爱的泡芙

百香果奶油做法

将明胶片放入盛有冷水的大碗里浸泡10分钟。将番茄捣成泥后加热。在搅拌盆里将鸡蛋与细砂糖进行搅拌,将沸腾的番茄泥倒入混合物中,不断地搅拌并继续加热直至黏稠。加入脱水后的明胶片,冷却至常温,再加入冻黄油,用电动打蛋器进行搅拌。将搅拌好的混合物放入配有标准裱花嘴的裱花袋中,放入冰箱冷藏2小时。

曲奇饼干做法

用刮刀将黄油、粗红糖、精盐混合搅拌,之后加入面粉,并揉成面团。将面团摊平放在两张烘焙纸之间,令厚度约为2毫米,然后放入冰箱冷藏。此时开始制作泡芙面团。

泡芙面团做法

烤箱预热至170℃。在平底锅中放入凉白开、牛奶、精盐、黄油后进行加热,当黄油完全融化,且液体开始沸腾时一次性加入面粉,然后用刮刀大力搅拌。将火关小,将面团做成球形,将面团取出时,会在锅底留下一层胶片似的薄膜。将面团放在盆中冷却。

把鸡蛋逐一加入面团中,注意要等前一个鸡蛋完全融入面团后,再加入后一个鸡蛋。鸡蛋的数量要根据不同的参数而调整(面粉的温度,面团的干燥程度等)。面团应该呈细滑、光亮、均匀的状态。

将泡芙面团装入配有标准裱花嘴的裱花袋内,在铺上烘焙纸的烤盘上挤出8个大个泡芙。用饼干切割模具制作出与泡芙大小相当的曲奇饼干,并将泡芙置于饼干上,放入烤箱烘烤30~35分钟,取出后将其放在搁架上冷却。

在泡芙底部用裱花嘴钻出一个小洞,然后挤出裱花进行装饰。

红色焦糖做法

在平底锅里倒入细砂糖和红色调色粉,加热,当细砂糖完全融化后加入葡萄糖浆,待液体颜色变深,把做好的焦糖浇到泡芙上,要全部覆盖上。

定型

待焦糖渐渐冷却,撒上白芝麻来遮掩泡芙的底部,再撒上数颗醋栗做装饰。

小贴士Tips

- 制作焦糖时因加入了调色粉,所以会对掌握温度造成影响,为了检验及时,可将一小片烘焙纸浸入其中。如果焦糖被超时加热,烘焙纸的味道会变苦。
- 可以用苹果或香草果酱来代替奶油。
- 为了使醋栗能轻易地"粘贴"在泡芙上,可以用吹焊灯管给焦糖加热,然后再放到水果上。

☆☆☆

歌剧院蛋糕

Opéra au cassis & au thé earl grey

工具

手动打蛋器 + 厨师机 + 甜点刮板 + 烘焙纸 + 透明胶带纸 + 厨用温度计 + 抹刀 + 平底锅 + 边长16厘米的甜点方框

8人份

准备时间：1小时45分钟　烘焙时间：8分钟
冷却时间：5小时　冷冻时间：15分钟

伯爵茶巧克力甘纳许配料

100毫升（常温）+120毫升（冷藏）全脂液状奶油，2汤匙伯爵茶汤，100克白巧克力碎

黄油焦糖蛋糕（乔孔达面团）配料

20克黄油，120克蛋白（4个鸡蛋），25克细砂糖，200克鸡蛋（4个鸡蛋），150克杏仁粉，150克细砂糖，40克面粉

潘趣糖浆配料

200毫升水，1汤匙伯爵茶汤，100克细砂糖

黑加仑奶油配料

50克水，120克细砂糖，50克蛋白（2个鸡蛋），180克软黄油，50克黑加仑果酱

定型配料

80克白巧克力，15克可可黄油，适量紫色调色粉，黑加仑干花和果实（随意）

伯爵茶巧克力甘纳许淋面做法

在平底锅内加入100毫升全脂奶油和伯爵茶汤,加热至沸腾,然后浇到白巧克力碎上,并用刮刀轻轻地搅拌使其乳化。加入冷藏后的120毫升液状奶油,搅拌均匀,再放入冰箱冷藏不少于3小时。

黄油焦糖蛋糕(乔孔达面团)做法

烤箱预热至200℃。将黄油隔水融化。将蛋白打发成雪花状,待其开始冒泡,加入25克细砂糖并继续搅拌,直至其变得坚实。

继续用力搅拌,随后加入杏仁粉和150克细砂糖,直至混合物变白且体积增加两倍。加入融化的黄油,再加入面粉,揉成面团。

用抹刀将面团摊平,将其放在垫有烘焙纸的烤盘上,放入烤箱烘烤6~8分钟,取出后放在搁架上冷却。

潘趣糖浆做法

将水加热至沸腾,加入伯爵茶汤和细砂糖,将其过滤,然后保存。

黑加仑奶油做法

在平底锅内倒入水和细砂糖,将其加热,用厨用温度计来控制温度。将蛋白放入厨师机的搅拌盆中。当锅内温度达到110℃,就开始大力搅拌蛋白,当温度达到118℃时熄火,并将潘趣糖浆倒入搅打的蛋白中继续搅打,直至混合物达到常温,搅打好的蛋白应呈光滑和发亮的状态。将黄油一点一点地加入,然后不停搅拌,直至泡沫呈现清晰和多空隙,此时小心翼翼地加入黑加仑果酱。

装饰和定型

搅拌伯爵茶巧克力甘纳许,使其产生较多泡沫。

白巧克力和可可黄油用隔水蒸的方法融化,然后加入紫色调色粉。

将一片透明胶带纸放在操作台上,浇上薄薄的一层糖浆,用抹刀将淋面抹平,再放入冰箱冷藏15分钟。

用甜点方框切出3块正方形的黄油焦糖蛋糕。

当淋面工序完成后,将其放入甜点框内,并在框内四周围上透明胶带纸,在其表面摊上一层较薄的黑加仑奶油。将第一个黄油焦糖蛋糕两侧浸透糖浆,然后涂上薄薄一层伯爵茶巧克力甘纳许,接着再放上两侧浸透糖浆,且摊上黑加仑奶油的黄油焦糖蛋糕,最后放上第三块,但仅在一侧涂上糖浆。

用刷子把多余的淋面刷在蛋糕上,放入冰箱冷藏2小时或冷冻40分钟。食用前把蛋糕翻扣过来,抽走透明胶带纸,并装饰一些黑加仑干花和果实。

小贴士Tips

- 歌剧院蛋糕的点缀是以相反的程序进行的,例如从蛋糕表面开始,再到其底部,这项技术使淋面发光,且表面光滑。
- 在传统的做法中,歌剧院蛋糕是由黄油奶油、咖啡奶油以及黑巧克力奶糊组成的。这里用黑加仑与伯爵茶汤结合创意了一款新的甜点,并配上了春天的颜色。
- 可以在甜点店或网店购买黑加仑果酱及可可黄油。

☆☆☆

椰子烤蛋白蛋糕

Entremets tout coco d'Aurélie

工具

搅拌盆 + 平底锅 + 直径16厘米和18厘米的圆形模具 + 透明胶带纸 + 裱花袋 + 标准裱花嘴 + 烘焙纸或硅胶垫 + 蔬菜削刨刀 + 筛网 + 厨用温度计 + 手动打蛋器 + 抹刀 + 刮刀

8人份

准备时间：1小时30分钟　干燥时间（可可片）：一整晚
冷藏时间：2小时　烘焙时间：1小时15分钟

奶油夹心烤蛋白配料

60克蛋白（2个鸡蛋），60克细砂糖

达克瓦兹椰子酱配料

60克蛋白（1或2个鸡蛋），15克细砂糖，45克冰糖，
10克玉米淀粉，25克榛子粉，25克椰丝

椰子碎片配料

75克白巧克力，30克椰丝，40克巧克力脆酥饼（成品，袋装）

椰子慕斯配料

5片明胶片（10克），225克椰子糊，25克半脱脂奶粉，20克水，100克细砂糖，
50克蛋白（1~2个鸡蛋），225克低温液状奶油，1根香草荚

椰子薄片和定型配料

1个新鲜椰子，250克水，椰丝，糖粉

椰子烤蛋白蛋糕

提前一天制作奶油夹心烤蛋白

烤箱预热至100℃。搅拌蛋白，待其出现泡沫后将细砂糖倒入，继续搅拌直至泡沫稳定。将混合物放入配有普通裱花嘴的裱花袋中，然后在硅胶垫或烘焙纸上挤出数个奶油夹心烤蛋白，放入烤箱烘烤1小时。取出后待其冷却，放置于干燥处。

椰子卷做法

将烤箱预热至最低加温温度，将烤箱当做干燥箱使用。打开椰子，剥除外壳，倒出椰汁，用一把蔬菜削刨刀把椰肉削下来，削得越长越好，将椰肉放在盘子里。把水和白砂糖加热至沸腾，然后马上倒入放椰肉的盘中，冷却片刻，再将椰子肉卷起。将烤箱熄火，将椰子卷放入烤箱中，让它干燥一夜。

当天制作达克瓦兹椰子酱

将烤箱预热至180℃，将蛋白打发至雪白状，当泡沫增多，需分成三次加入细砂糖，并且不停地搅拌。再小心翼翼地用刮刀加入糖粉、玉米淀粉、榛子粉和椰丝，再放入装有标准裱花嘴的裱花袋里。

在烤盘上铺上烘焙纸，放上直径16厘米的圆形模具，在模具内挤入混合物，放入烤箱烘烤12~15分钟。小心地将蛋糕翻转过来，将烘焙纸取出，让蛋糕在搁架上冷却，然后再放入直径为16厘米的圆形模具内。

椰子碎片做法

把白巧克力敲碎,隔水融化巧克力。将巧克力脆酥饼压成碎片,小心地将其与椰丝及融化的巧克力混合在一起,随后抹在蛋糕表面,厚度约为0.5厘米,之后放入冰箱保存。

椰子慕斯做法

将明胶片放在凉水中浸泡10分钟,将椰子糊和半脱脂奶粉加热至沸腾,然后熄火。将明胶片沥干水分后放入到厨师机内。

对奶油夹心烤蛋白进行再加工。在平底锅中加入水和细砂糖,加热至110℃时开始打发蛋白,使之变成白色泡沫状。加热至118℃时熄火,将糖浆慢慢地倒入白色泡沫中,搅拌直至完全冷却。将奶油夹心烤蛋白混入到椰子酱中,用抹刀来调匀。

继续搅拌液状奶油和香草籽,直至达到搅打稀奶油的稳定状态,然后再加入到前面做好的混合物内。

装饰

把直径18厘米的圆形模具内壁用透明胶带纸围裹好,将布满椰子和巧克力脆酥饼碎片的蛋糕放在中央,再铺上椰子慕丝,注意别在边缘处留下气泡。用刮刀将表面涂抹光滑,然后放入冰箱冷藏至少2小时。

定型

将蛋糕从模具中取出,抽走透明胶带纸。在蛋糕的四周抹上椰子碎,在蛋糕表面铺上奶油夹心烤蛋白和椰子卷,相互轮流放置,用筛网轻撒上少许糖粉。

小贴士 Tips

- 椰子酱可在专卖店或网店购买,如果没有,可用浓一些的椰奶。
- 椰子通常应该是"响"的,当你把椰子靠近耳朵摇动时,可以听出它内含汁水。
- 做完椰子薄片,如果还剩余一些糖浆,可以把它放入冰箱保存,以后制作饼干时可用于调味。
- 在给蛋糕做装饰前,需要提前2小时把它从冰箱里取出。

香梨饼干白巧克力蛋糕卷

Biscuit roulé aux poires, au chocolat blanc & aux épices

工具

搅拌盆 + 平底锅 + 手动打蛋器 + 炒锅 + 烘焙纸
+ 抹刀 + 刮刀 + 筛网

8人份

准备时间：1小时10分钟　冷却时间：3小时
烘焙时间：30分钟

白巧克力淋面配料

200克白巧克力，100毫升（常温）+300毫升（冷藏）全脂液状奶油，
20克转化糖浆（或槐花蜜），3颗小豆蔻（每个一切为二），1根肉桂，1颗八角茴香，1根香草荚

焦糖香梨配料

2个香梨，50克红糖，20克黄油，1小撮肉桂粉

杏仁果酱蛋糕配料

90克T55号面粉，150克蛋白（3个鸡蛋），90克糖粉，1/2咖啡匙茴香粉

定型配料

25克黄油，2或3片妃乐酥皮（pâfe filo），30克糖粉，50克开心果碎

白巧克力淋面做法

将白巧克力捣碎。平底锅中倒入100毫升常温全脂液状奶油和转化糖浆,并加入所有香料,煮至沸腾。倒入白巧克力碎,用刮刀轻轻地搅拌,随后加入300毫升液状奶油(冷藏),使之混合均匀,然后放入冰箱冷藏至少3小时。

焦糖香梨做法

将香梨去皮除核,切成小块。在炒锅中把红糖炒制成焦糖,随后加入黄油、梨块、肉桂粉。继续加热5~10分钟,待梨块产生黏性,略加水,让其冷却,然后放入冰箱冷藏。

杏仁果酱蛋糕做法

将烤箱预热至180℃。面粉过筛。在一个隔水蒸的炖罐里加入蛋白和糖粉,搅拌均匀直至混合物成双倍体积并达到45℃。

把罐子从隔水蒸器上取出,继续搅拌直至完全冷却。当你将面团由高处向下倾倒,会形成带状,则说明混合物调制得很好。将过筛后的面粉和茴香粉由上向下撒入,然后用刮刀小心地搅拌。把面团摊在铺上烘焙纸的烤盘上,用刮刀涂抹,

香梨饼干白巧克力蛋糕卷

令其达到1厘米的厚度,放入烤箱烘烤15分钟。将蛋糕取出后,立即将其翻扣放在一块稍微湿润的抹布上,并将烘焙纸抽走,并马上卷成卷,然后让它冷却。

装饰和定型

将留在巧克力淋面中的香料取出,像搅打稀奶油一样搅拌。将蛋糕卷的不规则处切除,使其成为规矩的长方形。再涂上搅拌之后的巧克力淋面,铺上焦糖梨块(留存一部分作点缀用)。然后再重新卷起蛋糕,涂上巧克力淋面,用抹刀涂抹光滑,放入冰箱冷藏。

将烤箱预热至180℃。将黄油融化,涂抹在妃乐酥皮上。将蛋糕一切为二,撒上糖粉。将蛋糕放在铺了烘焙纸的烤盘上,放入烤箱烘烤使其变黄上色约5分钟,并且要留心观察,防止烤焦!

食用前,在妃乐酥皮上淋上焦糖,再把酥皮装饰在蛋糕上,再点缀上几颗梨块和开心果碎粒。

小贴士 Tips

· 将蛋糕从烤箱里取出后,要将其卷成圆锥体,请用一块稍湿润的抹布包裹,可使蛋糕不至折断。

· 巧克力淋面可以提早一天做好。

☆☆

莓果牛轧糖泡芙塔

Pièce montée aux fruits rouges & nougatine

工具

搅拌盆 + 平底锅 + 手动打蛋器 + 擀面杖 + 烘焙纸
+ 裱花袋 + 标准裱花嘴 + 硅胶垫
+ 直径分别为14厘米、16厘米、18厘米的圆形模具 + 筛网

8人份

准备时间：1小时35分钟　冷冻时间：3小时
烘焙时间：45分钟

曲奇脆饼配料

100克软黄油，120克红糖，1小撮精盐，120克T55号面粉

泡芙面团配料

125毫升凉白开，125毫升牛奶，1小撮精盐，90克黄油，125克T55号面粉，
210克鸡蛋（4~5个）

莓果奶油配料

2片明胶片，130克莓果果酱，25克细砂糖，80克柠檬汁，160克鸡蛋（3~4个），
150克白巧克力（捣碎）

牛轧糖配料

160克杏仁或榛子碎，40克芝麻，200克葡萄糖浆，500克细砂糖，50克黄油

定型配料

205克混合莓果，糖粉

小贴士 Tips

· 曲奇脆饼不要做得太厚,否则会影响奶油泡芙的放置。

· 在切割脆饼时要与奶油泡芙的尺寸接近,或者切得稍微大一些,在烘焙后,使其可以完全遮盖住奶油泡芙。

· 为了使奶油泡芙固定,可以用少许奶油点蘸,使其相互粘住,或粘在莓果上。

· 如果你在摊开的牛轧糖上做不出三个圆形曲奇脆饼,那么可以在平底锅里将它重新融化。或者先将牛轧糖摔碎成小块,然后以同样的程序将糖融化。

曲奇脆饼做法

用刮刀将软黄油、红糖、精盐进行搅拌,搅拌均匀后,加入面粉。将此混合物放于两张烘焙纸中间,摊成约2毫米厚度的圆饼,将它放入冰箱冷藏。同时制作泡芙面团。

泡芙面团做法

将烤箱预热至170℃。在平底锅内放入凉白开、牛奶、精盐、黄油,加热。当黄油完全融化,并且液体开始沸腾时,一次性加入面粉,然后用刮刀大力搅拌。将火关小,将面团揉成球形,将面团取出时,会在锅底留下一层胶状薄膜。将面团放在一个沙拉碗中冷却。

将鸡蛋逐个加入面团中,注意需待前一个鸡蛋完全融入面团后,才加入下一个鸡蛋,鸡蛋的数量要根据不同的参数而调整(面粉的湿度,面团的干燥程度等),面团应该呈细滑、光亮和均匀状。

将泡芙面团放入配有标准裱花嘴的裱花袋内,在铺有烘焙纸的烤盘上挤出8个大个泡芙,用饼干切割模具做出与泡芙大小相当的曲奇饼干,并将泡芙置于饼干上,放入烤箱烘焙30~35分钟,取出后放在搁架上冷却。

在泡芙底部用标准裱花嘴钻出一个小洞,然后挤出裱花进行装饰。

莓果奶油做法

将明胶片放入盛有凉水的大碗里浸泡10分钟令其复原。用平底锅将莓果果酱加热,加入细砂糖和柠檬汁,直至其变稠为止。

将开水倒入打散的蛋液中,然后在平底锅中翻转并改用文火使其变稠(注意不要沸腾),马上加入脱水后的明胶片,然后倒在白巧克力上。用刮刀搅拌使之乳化,直至巧克力全部溶入到混合物里。将做好的奶油倒入配有标准裱花嘴的裱花袋里,放入冰箱冷藏至少3小时。

莓果牛轧糖泡芙塔

牛轧糖做法

将烤箱预热到150℃。将杏仁和芝麻放在铺有烘焙纸的烤盘上，放入烤箱烘烤5~10分钟，并不断翻滚，趁热保存。

用平底锅将葡萄糖浆加热。待其完全融化后，一次性倒入细砂糖，继续小火加热使其变成焦糖。当焦糖呈琥珀色时，加入黄油，混合均匀后熄火，加入热的杏仁和芝麻，待外皮形成后，将其倒在硅胶垫上。借助硅胶垫，将混合物从外向内卷成团，再铺上第二张硅胶垫，将牛轧糖用擀面杖擀成约3毫米的厚度。

在牛轧糖完全冷却前，用不同直径的圆形模具切出3个圆形。用擀面杖将牛轧糖压碎，放置于干燥处。

装饰定型

用标准裱花嘴在每个奶油泡芙底部钻一个小孔，注入莓果奶油，在最大的牛轧糖圆饼上铺上第一层奶油泡芙，然后按同样操作继续摆放其他两层牛轧糖圆饼和奶油泡芙，最上层的圆饼是最小的。用新鲜莓果来作装饰，最后用筛网撒上糖粉。

草莓火龙果蛋糕

Fraisier exotique

工具

搅拌盆 + 手动打蛋器 + 厨师机 + 刮刀 + 平底锅 + 筛网 + 透明胶带纸
+ 直径20厘米，高度10厘米的圆形模具 + 裱花袋 + 标准裱花嘴
+ 抹刀 + 食用保鲜膜

10人份

准备时间：1小时15分钟 烘焙时间：20分钟

冷藏时间：3小时

达克瓦兹面饼配料

180克糖粉，160克榛子粉，40克T55号面粉，250克蛋白（约8个鸡蛋），50克细砂糖

香草慕斯奶油配料

500毫升全脂牛奶，1根香草荚，80克蛋黄（4个鸡蛋），100克细砂糖，
50克玉米淀粉，250克黄油

定型配料

500克草莓+做装饰用，2个火龙果，糖粉

达克瓦兹面饼做法

将烤箱预热至180℃。把糖粉、榛子粉和面粉放在一起过筛。搅拌蛋白，待其成泡沫状，加入50克细砂糖，继续搅拌直至蛋白变得坚固，再加入过筛后的混合物，并用刮刀搅拌，做出3块圆饼，直径均为20厘米。将圆饼放在铺有烘焙纸的烤盘上，然后放入烤箱烘焙12~15分钟。取出后放在隔架上冷却，取走烘焙纸，将面饼用保鲜膜包起来，避免变干。

香草慕斯奶油做法

在平底锅内将牛奶加热，并放入一切为二的香草荚。在搅拌盆里搅拌蛋黄，加入细砂糖和玉米淀粉，一起搅动。待牛奶沸腾时，将香草荚取出，将其缓缓地倒入混合物中，将上述内容再倒入平底锅中，缓缓加热，并不断搅拌，等到混合物沸腾及变稠，再加热1~2分钟。随后加入125克黄油。将混合物倒在案板上，用保鲜膜包起来，让其在常温下冷却。

将剩下的125克黄油放入厨师机里，搅拌成为比较厚实的膏状黄油，再一点点加入冷却的奶油，直至它呈多气孔且气孔分布均匀。将奶油放入配有标准裱花嘴的裱花袋中。

装饰与定型

将500克草莓切成圆薄片，火龙果去皮后用圆形模具切成与草莓片一样大小的圆片，将装饰用草莓切成小丁。

在圆形模具内围上透明胶带纸，放上第一片圆饼，围着透明胶带纸交替摆上草莓与火龙果圆片，再淋上香草慕斯奶油，要注意别留下空气气泡。在奶油上加上适量水果丁，并轻轻将其压入，用抹刀将表面抹平，再放上第二片圆饼，重复上述动作。放上最后一片圆饼后，淋上一层薄薄的香草慕斯奶油。将做好的蛋糕放入冰箱冷藏至少3小时。在食用前，用草莓丁或整颗草莓作装饰，再撒上少量糖粉。

小贴士Tips

· 在烘焙面饼前,可在烘焙纸上画出三个直径2厘米的圆形,可使每个圆饼尺寸相同。

· 将烘焙纸固定在案板上,在面饼的四角以及中心位置加上一个固定点。面饼就不会轻易移动。

· 烘焙后切割面饼时,最好用剪刀,这样容易获得统一的形状。

☆☆

摩卡核桃镜面蛋糕

Miroir au chocolat, café & noix

工具

平底锅 + 厨用温度计 + 厨师机 + 圆形蛋糕模具 + 刮刀 + 手动打蛋器 + 过滤纱布 + 长柄汤匙

10~12人份

准备时间:50分钟　烘焙时间:30~35分钟

蛋糕坯配料

200克黑巧克力(可可含量不低于50%),180克有盐黄油,5个鸡蛋,200克糖粉,110克T55号面粉,75克核桃粉,30毫升意大利浓缩咖啡(expresso)

淋面配料

4片明胶片(8克),70毫升水,190克细砂糖,60克苦味可可粉,130毫升液状奶油

定型配料

50克核桃碎粒

蛋糕坯做法

将烤箱预热至190℃。把黑巧克力敲碎，与有盐黄油一起隔水蒸。将蛋白和蛋黄分离。把蛋黄与糖粉加入黑巧克力碎与黄油的混合物中，并搅拌均匀，再加入面粉和核桃粉，揉成面团。打发蛋白，使其呈雪白状且形状固定，然后小心翼翼地加入到面团中。将混合好的面团放入涂了黄油并撒了面粉的圆形蛋糕模具里，放入烤箱烘烤30~35分钟，取出后冷却，脱模，放到搁架上继续冷却。

淋面做法

将明胶片浸入冷水中10分钟。用平底锅加热水和细砂糖的混合物，待糖水加热至沸腾时加入可可粉，用厨师机稍加搅拌，然后继续加热1~2分钟，尽量避免混入空气。加热液状奶油至沸腾，离火，放入滤掉水分的明胶片，然后倒入之前做好的可可混合液，混合均匀（可用手动打蛋器稍加搅拌），用过滤纱布过滤，然后冷却。

定型

淋面做好后，使其降温至24℃，用长柄汤匙将其浇在已冷却的蛋糕坯上，并撒上核桃碎粒。

小贴士Tips

- 使用模具时，需将黄油及面粉涂满模具内每个角落，使蛋糕坯易于脱模。
- 用小刀来测试蛋糕是否烤熟，将其插入蛋糕坯中再抽出时是干净的便说明蛋糕已烤制成功。
- 为了使淋面上光进行得更快，可以将其放入冰水中快速冷却。
- 淋面上光的温度极其重要，温度太高，它会流下来；太低，容易在蛋糕上凝固。
- 给蛋糕坯淋面时，可将蛋糕坯放置于一个底部有托盘的搁架上，以便将滴下来的淋面回收。

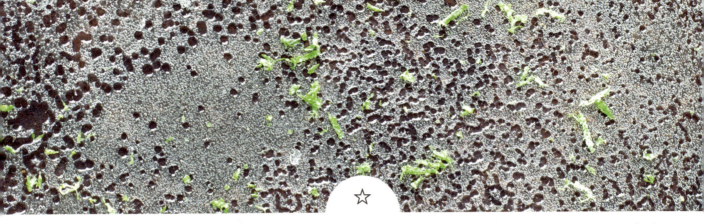

青柠苹果芝士蛋糕

Cheesecake au citron vert & à la pomme granny-smith

工具

搅拌盆 + 边长16厘米的方形模具 + 手动打蛋器 + 榨汁机 + 硅胶垫 + 厨用温度计 + 小漏斗 + 平底锅 + 厨师机

8人份

准备时间：1小时　烘焙时间：1小时5分钟
冷藏时间：4小时

香脆饼配料

200克铺满白砂糖的饼干，180克黄油，1小撮盐

芝士蛋糕配料

300克新鲜费城芝士（philadelphia），80克全脂奶油，60克糖粉，20克玉米淀粉，1个鸡蛋+1个鸡蛋黄，青柠檬皮屑（1个）

苹果冻配料

1~2个苹果，半个青柠檬，1小撮绿色调色粉，1克琼脂

青柠檬糖配料

90克翻糖膏，50克葡萄糖浆，1小撮绿色调色粉

定型

1个青苹果，青柠檬汁

香脆饼做法

将烤箱预热至180℃。将饼干弄碎。在微波炉里将黄油融化,然后将其混入饼干碎中,加入盐,混合均匀。将烘焙纸铺在方形模具底部,再将上述混合物填入模具中,放入烤箱内烘烤10分钟后取出,冷却。

芝士蛋糕做法

将烤箱预热至120℃。在搅拌盆里搅拌费城芝士、全脂奶油、糖粉、玉米淀粉,再加入鸡蛋和蛋黄并搅拌均匀。随后加入青柠檬皮屑,最后倒在预先制作好的香脆饼上。

放入烤箱烘焙45~50分钟,烘焙完毕时,芝士蛋糕仍轻微颤抖,让它在常温中冷却,然后放入冰箱冷藏3小时。

苹果冻做法

将苹果放入榨汁机,榨出20毫升苹果汁,然后榨青柠檬汁。将两种果汁混合,可添加少许绿色调色粉。之后取出1/3容量的果汁,将其倒入平底锅内煮沸,然后放入琼脂,加热1分钟。离火后与剩余果汁搅拌,令其稍稍冷却后浇在已冷却的蛋糕上,然后放入冰箱冷藏至少2小时。

青柠檬糖做法

将烤箱预热至180℃。把翻糖膏和葡萄糖浆放入平底锅中加热至160℃。将混合糖倒在硅胶垫上冷却。

将成形的糖块砸碎,用筛网筛上绿色调色粉,倒入青柠檬汁,搅拌2~3分钟,令其慢慢固定。之后撤走硅胶垫,常温下静置。 定型 将青苹果切丝。将蛋糕从冰箱中取出,放上糖块,点缀上苹果丝,即可享用。

小贴士 Tips

· 将芝士蛋糕放入冰箱里冷藏过夜,味道更佳。
· 刚出炉的蛋糕,其中心部分应该是微微颤抖的。
· 苹果冻不宜很甜,最好略带酸涩,以平衡芝士蛋糕的甜度。如果不喜欢酸涩味,可以在给苹果汁加热时,加入20克白砂糖。
· 还可以添加几片糖渍柠檬。

百香果朗姆芭芭蛋糕

Baba au rhum aux fruits de la Passion

工具

厨师机 + 搅拌盆 + 平底锅 + 烘焙纸 + 虹吸管 + 小漏斗 + 刨橙皮器
+ 直径20厘米的咕咕霍夫（kouglof）蛋糕模具

6~8人份

准备时间：45分钟　揉捏时间：30分钟　发酵时间：2小时30分钟
冷藏时间：3小时　烘焙时间：40分钟

百香果搅打稀奶油配料

300毫升低温液状全脂奶油，35毫升百香果泥，30克糖粉

蛋糕坯配料

65克黄油，125克T55号面粉，1小撮盐，20克糖粉，7克鲜酵母，2个鸡蛋

糖浆配料

250毫升水，50毫升百香果泥，150克细砂糖，1根香草荚，青柠檬皮屑（1个青柠檬），
1颗茴香，1块陈皮，70毫升朗姆酒

装饰配料

50克细砂糖，1个百香果，青柠檬皮屑（1个青柠檬）

百香果搅打稀奶油做法

将所有配料混合在一起,并将混合物用小漏斗过滤到虹吸管内,将之关闭,然后添加气罐。将其放入冰箱冷藏至少3小时,取出前摇晃一下。

蛋糕坯做法

将黄油放入微波炉中融化,然后冷却。将其他配料放入厨师机,以慢速旋转10~15分钟,此时面团应变得有弹性,并开始与容器四周剥离。缓缓地加入冷却的黄油,并继续旋转15分钟。

用一条毛巾将整个容器包裹住,并让它在温暖的地方发酵30分钟。之后,将面团放入已涂抹黄油的咕咕霍夫蛋糕模具中,让蛋糕在常温下继续发酵2小时。将烤箱预热至180℃,将蛋糕放入烘烤35~40分钟,取出后脱模,放在搁架上慢慢冷却。

糖浆做法

将除朗姆酒外的其他配料都放入平底锅,加热并使之沸腾,离火。加入朗姆酒,随后将糖浆倒入一个搅拌盆中,并让其渐渐冷却。

将蛋糕置于四周有高围边的盘子内,然后倒入糖浆,让蛋糕尽量在糖浆中浸透。当蛋糕将糖浆几乎全部吸收后,将其置于一个普通盘子内,放入冰箱冷藏。

装饰

将细砂糖放入平底锅中加热,直至获得琥珀色的焦糖,离火。将汤匙浸入焦糖中,用它在硅胶垫上画出螺旋形图案,让它自然成形并保存在阴凉干燥处。

将蛋糕和百香果搅打稀奶油组合在一起,再用百香果籽做装饰,并撒上青柠檬皮屑,最后将用焦糖制成的螺旋形图案置于蛋糕上,便大功告成!

小贴士Tips

· 如果淋在蛋糕上的焦糖汁不够用的话,蛋糕会显得很干。不过,若焦糖汁太多的话,就会太软。为了在这微妙的阶段有必胜的把握,请提早一天制作这款蛋糕,让它有一个夜晚的时间变干,在第二天时,则用滚热的糖浆将蛋糕浸透,让它"吃"个饱。

· 为了给糖浆添加酒精味,请在最后加入烈酒,并且要熄火,这样才能避免酒精挥发。

· 勿将焦糖装饰品放入冰箱冷藏,它会吸收潮气,变软及带黏性。

· 在这款甜点的做法中,搅打稀奶油是在虹吸管里完成的,因为百香果非常酸,如果你想用手或用厨师机操作,建议你不要用百香果泥。

黑森林裸蛋糕

Naked cake comme une forêt-noire

工具

搅拌盆 + 平底锅 + 厨用温度计 + 厨师机 + 刮刀 + 筛网
+ 2个直径分别为16厘米和18厘米的圆形模具 + 烘焙纸 + 食用保鲜膜 + 塑料胶带纸 + 抹刀
+ 裱花袋 + 凹槽裱花嘴 + 筷子 + 大理石板

8~10人份

准备时间：1小时　烘焙时间：35分钟
冷藏时间：30分钟

巧克力蛋糕配料

50克T55号面粉，50克玉米淀粉，20克苦味可可粉，半咖啡匙酵母，
3个鸡蛋，100克细砂糖

巧克力刨花

150克黑巧克力

香草巧克力配料

2.5片明胶片（5克），250毫升全脂牛奶，1根香草荚，40克蛋黄（2个），50克细砂糖，
25克玉米淀粉，20克黄油，20克低温全脂液状奶油，20克糖粉

装饰配料

150克樱桃

巧克力蛋糕做法

将烤箱预热至180℃。把面粉、玉米淀粉、可可粉和酵母一起过筛。用力搅打鸡蛋,加入细砂糖,使其体积膨胀至两倍并呈现白雪状。将打发物隔水蒸,温度达到45~50℃。

将容器离开蒸锅,继续打发,直至面糊完全冷却,当你拿起一团面糊时,面糊应该呈现带状并向下流,这说明面糊已调制好了。将过筛后的粉类自上而下撒入面糊中,用刮刀将其混合均匀。

将混合物倒入2个铺上烘焙纸并涂上黄油的圆形模具内,将它们放在烤盘上,送入烤箱烘烤30分钟。取出后将蛋糕翻转,放在搁架上冷却。可以用保鲜膜将蛋糕裹起来,放入冰箱冷藏30分钟,方便切割。

巧克力刨花片做法

给黑巧克力调温。将一半巧克力液薄薄地摊在大理石板上,另一半摊在塑料胶带纸上。

在塑料胶带纸上的部分,用小刀划线使之形成菱形,然后将纸卷起,箍上橡皮筋,放在空气流通处。

在大理石板上的部分,待巧克力成形后,用小刀割划使之成为刨花。

香草巧克力做法

将明胶片浸入盛满冷水的碗里10分钟。用平底锅加热牛奶,加入香草籽及一切为二的香草荚。

取一个搅拌盆,放入蛋黄、细砂糖、玉米淀粉后搅拌。当牛奶沸腾,将其缓缓倒入搅拌过的混合物中,并马上进行搅拌。再将所有混合物倒入平底锅中继续缓缓地搅拌,

直到此混合物沸腾，等泡沫平息后再加热1~2分钟。向锅中加入黄油。取出沥干水分的明胶，加入到尚热的奶油中，用保鲜膜包好，让它在常温中冷却。

将液状奶油加工使之成为搅打稀奶油，加入糖粉并继续搅拌。同时继续搅拌冷却的香草奶油直至光滑，用刮刀添加1/3的搅打稀奶油，混合均匀后，再逐渐将剩余的奶油同样依此方法制作，直至全部呈均匀状。最后将奶油放入装有凹槽裱花嘴的裱花袋里，将它放入冰箱，直到使用时再取出。

装饰

将蛋糕横切成两个圆饼状。清洗樱桃并沥干水分。用裱花袋在第一个圆饼上挤出奶油花样，点缀上樱桃，在另一块圆饼蛋糕上重复同样的动作，再撒上巧克力刨花片和剩余的樱桃。在食用前，插上一片菱形状的刨花片在顶部，绝对引人注目。

小贴士Tips

- 裸蛋糕（naked cake），原意为有几层的蛋糕，并且没有加糖衣或撒白砂糖，其优点是口感清淡，并突显其配料。
- 提早一天制作蛋糕，并用保鲜膜裹好存入冰箱，这样更容易切割。
- 也可以在制作蛋糕时配上巧克力淋面来取代香草巧克力，或是作为备用，或是作为搅打稀奶油的装饰品。

蓝莓巧克力挞

Tarte tout chocolat aux myrtilles

工具

搅拌盆 + 擀面杖 + 食用保鲜膜 + 烘焙纸
+ 直径18厘米和20厘米的圆形挞派模具 + 厨用填充小圆珠 + 平底锅 + 裱花袋
+ 标准裱花嘴 + 塑料胶带纸 + 刮刀 + 抹刀 + 电动打蛋器
+ 小刷子 + 巧克力排梳

6人份

准备时间：1小时15分钟　烘焙时间：55分钟
冷冻时间：3小时

巧克力淋面配料
70毫升+15毫升全脂液状奶油，20克转化糖浆或槐花蜜，100克调温巧克力

巧克力甜面团配料
100克软黄油，80克糖粉，20克苦味可可粉，1个鸡蛋，2克盐，180克T55号面粉

蓝莓果酱配料
250克蓝莓（新鲜或冷冻），180克冰糖，1/2个柠檬（切成圆片）

装饰配料
100克调温巧克力，苦味可可粉，新鲜蓝莓，金箔

巧克力淋面做法

平底锅里倒入70毫升液状奶油和转化糖浆,煮沸。随后倾倒在打成碎块的调温巧克力上,用刮刀搅拌,使之乳化,再加入15毫升液状奶油,搅拌均匀,放入冰箱冷藏至少3小时。

巧克力甜面团做法

将软黄油、糖粉和可可粉混合。将鸡蛋和盐混合,用刮刀搅打,然后倒入刚才的混合物中,不停搅动直至混合物出现泡沫并混合均匀。接着加入面粉,无需过度揉面团,将它揉成一个球状,再压平,用保鲜膜包裹好,放入冰箱冷藏不少于1小时。

蓝莓果酱做法

在平底锅里将蓝莓、冰糖和柠檬片一起加热至沸腾,然后转小火煮25~30分钟,并不时地搅动。将煮好的混合物倒入碗中,冷却后放入冰箱冷藏。

挞底做法

将烤箱预热至180℃。将面团摊成2~3毫米厚度,并把它压入涂了黄油的圆形挞派模具内,用一把叉子将面团插住再用烘焙纸裹好,并将厨用填充小圆珠填充在挞表面,放入烤箱烘烤15~20分钟,取出后放在搁架上冷却。

*厨用填充小圆珠不能食用。

装饰

用抹刀将调温巧克力在塑料胶带纸上涂上薄薄的一层,然后用巧克力排梳尽快地梳一下,将塑料胶带纸扭成螺旋形并在两端用双面胶固定,让它在阴凉处成形,然后小心翼翼地将纸带展开。

在做好的挞底涂上一层薄薄的蓝莓果酱,用电动打蛋器像处理搅打稀奶油那样搅拌巧克力淋面,然后将其倒入配有标准裱花嘴的裱花袋中,从中心开始画出蜗牛背壳的形状,并薄薄地撒上一层苦味可可粉。摆上几颗新鲜的蓝莓和巧克力做装饰,最后放上几片金箔(借助小刷子)。把挞放入冰箱冷藏,食用时再取出。

树莓焦糖榛子挞

Tartelettes aux framboises, noisettes & caramel

工具

搅拌盆 + 刮刀 + 平底锅 + 牙签 + 裱花袋
+ 抹刀 + 塑料泡沫 + 食用保鲜膜 + 6个小挞派模具 + 厨师机

6人份

准备时间：1小时20分钟　烘焙时间：35分钟

放置时间：1小时

甜面团配料

140克软黄油，75克糖粉，1个鸡蛋，2克盐，25克榛子粉，250克T55号面粉

榛子奶油配料

50克软黄油，50克细砂糖，50克榛子粉，50克鸡蛋（1个），
1汤匙朗姆酒（随意），1根香草荚

黄油焦糖配料

50克细砂糖，750毫升全脂液状奶油，25克咸黄油

焦糖榛子配料

20~30颗榛子，150克细砂糖

定型配料

500克树莓

甜面团做法

在搅拌盆里将黄油和糖粉混合,将鸡蛋和盐用叉子轻轻地搅拌,然后加入到上述混合物中,搅打直至混合物呈泡沫状并混合均匀。加入面粉和榛子粉,无需过度揉面,将它揉成一个面团,摊平后用保鲜膜包裹,放入冰箱冷藏至少1小时。

榛子奶油做法

用刮刀和厨师机混合黄油和细砂糖,加入榛子粉并搅拌均匀,再加入鸡蛋。根据个人口味,可加入朗姆酒或香草籽。

蛋挞底做法

将烤箱预热至180℃。在案板上略撒一些面粉,把面团摊至2~3毫米厚度,把它们压入6个小挞派模具中,用叉子小心翼翼地在挞底扎一些孔,然后用抹刀铺上一层榛子奶油,放入烤箱烘烤20~25分钟。

黄油焦糖做法

用平底锅加热细砂糖。把奶油放到微波炉里加热,当锅中的糖呈现漂亮的琥珀色时加入热的奶油,注意别喷洒出来,仔细等候,待焦糖色泽均匀后再加入咸黄油。在常温下冷却,然后倒入裱花袋(无需加裱花嘴)。

焦糖榛子做法

在每个榛子的凹陷处插入一根牙签。继续用平底锅加热细砂糖,当其变成金黄色时离火。将平底锅放在一块抹布上,稍微倾斜,当焦糖稍冷却,把榛子浸入其中再取出,让糖丝尽量拉长一些,然后插在塑料泡沫上。不断地重复此动作,直至把所有的榛子用完。

定型

用树莓和焦糖榛子交替装饰挞,最后放上焦糖榛子和树莓。

小贴士Tips

- 可以把树莓底部切去一点点，使其可以平放在挞上面，这样会排列得很整齐。
- 要等黄油焦糖彻底冷却后再将其放入裱花袋中。

巧克力糖衣杏仁派对蛋糕

Cake surprise au chocolat & au praliné

工具

搅拌盆 + 平底锅 + 手动打蛋器 + 圆形蛋糕模具 + 烘焙纸 + 厨师机 + 圆形打洞钳 + 抹刀

10~12人份

糖衣杏仁蛋糕配料
2个鸡蛋，80克细砂糖，100克黄油，50克糖衣杏仁，1小撮盐，115克面粉，4汤匙苦味可可粉，1咖啡匙泡打粉，2汤匙牛奶

巧克力蛋糕配料
3个鸡蛋，14克细砂糖，35克冰糖，1小撮盐，175克黄油，175克面粉，4汤匙苦可可粉，1汤匙泡打粉，2汤匙牛奶

装饰配料
50克糖衣杏仁

糖衣杏仁蛋糕做法

将烤箱预热至180℃。用手动打蛋器将鸡蛋与细砂糖搅打10分钟。将黄油隔水蒸，使其融化，然后加入到鸡蛋与细砂糖的混合物内，再加入盐、面粉和酵母。

将上述混合物倒入垫上烘焙纸的圆形蛋糕模具内，放入烤箱烘烤40~45分钟。用一把小刀来测试烘焙程度，将刀插入蛋糕中心再取出，若刀面干燥表示已烤好。将蛋糕取出后冷却片刻，然后脱模。

巧克力蛋糕面团做法

用厨师机将鸡蛋、细砂糖、冰糖、盐混合搅拌10分钟。将黄油融化，加入上述混合物中，再加入面粉、苦可可粉、泡打粉，最后加入牛奶共同搅拌。

装饰做法

将糖衣杏仁蛋糕切成0.5~1厘米厚的薄片，然后用圆形打洞钳打出小圆柱。

在蛋糕模具内垫上烘焙纸，铺上一层巧克力蛋糕面团，然后将小圆柱首尾相接形成香肠一样的长条，再铺上巧克力蛋糕面团，依照此方法，再多做出2~3条长条。

最后再添加剩余的巧克力蛋糕面团，用抹刀将其刮平，并撒上糖衣杏仁，放入烤箱烤50~55分钟，取出后冷却。

小贴士Tips

- 只要改变其中包含物的香味和形状，就可以创意出各种蛋糕。
- 想知道蛋糕是否已膨胀到位，只要在烘焙10分钟后用刀在蛋糕表面划一下，便可知晓。
- 如果蛋糕颜色转变太快，可用锡纸将其包裹。

巴黎车轮泡芙

Paris-brest au confit de citron

工具

搅拌盆 + 平底锅 + 手动打蛋器 + 刮刀 + 厨师机
+ 蔬菜削刨刀 + 带齿的刀
+ 裱花袋 + 标准裱花嘴 + 带凹槽的裱花嘴 + 甜点板 + 烘焙纸 + 食用保鲜膜

8人份

准备时间：1小时30分钟　冷冻时间：20分钟
烘焙时间：1小时

柠檬果脯配料

3个黄柠檬，90克细砂糖

泡芙配料

120毫升水，125毫升牛奶，1小撮盐，90克黄油，125克T55号面粉，210克鸡蛋（4~5个），
1个鸡蛋（用来涂一层蛋黄），糖衣杏仁或切碎的杏仁

杏仁泥奶油配料

50克全脂牛奶，1根香草荚，80克蛋黄（4个鸡蛋），100克细砂糖，50克玉米淀粉，
150克糖衣杏仁，200克黄油

装饰配料

糖粉

巴黎车轮泡芙

柠檬果脯做法

用蔬菜削刨刀将柠檬皮剥下,放在平底锅里,加满水后煮沸,之后将水倒掉,重复上述动作三次。这一漂洗工作是为了尽量去除柠檬皮的苦涩味。将已经清洗干净的柠檬皮切成碎丁。

榨取柠檬汁,倒入平底锅,再加入柠檬皮丁和细砂糖,用小火加热20~25分钟,在常温下冷却,然后放入袋中。

泡芙做法

将烤箱预热至170℃。平底锅内倒入水、牛奶、盐、黄油后加热,当黄油已完全融化,混合液体开始沸腾时,一次性加入面粉,然后用刮刀大力搅拌。降低温度,继续搅拌,将面团揉成球形,将面团取出时应在平底锅内留下一层薄膜。将面团放入碗内冷却片刻。

把鸡蛋逐一加入面团,注意要等前一个鸡蛋完全融入后再加入下一个。待面团光滑、发亮并混合均匀,再将其放入配有标准裱花嘴的裱花袋中。在一块铺好烘焙纸的案板上,做出8个泡芙。再给泡芙涂上一层搅打好的蛋黄,并撒上糖衣杏仁或切碎的杏仁。根据泡芙的大小在烤箱中烘烤25~35分钟,直至泡芙全部干透,将其放到搁架上冷却。

杏仁泥奶油做法

用平底锅加热牛奶,加入香草籽及一切为二的香草荚。取一个搅拌盆搅打蛋黄,并加入细砂糖和玉米淀粉。待牛奶沸腾时将香草荚取出,然后倒入蛋黄和玉米淀粉的混合物中,继续不停地搅拌。

再将上述混合物倒入长柄平底锅，缓缓搅拌及加热。待混合物沸腾和变稠，继续加热1~2分钟，加入糖衣杏仁及100克黄油，将制成的奶油倒在案板上，用保鲜膜包起来，让它在常温下冷却。

取出厨师机内剩余的100克黄油，继续搅拌直至成为油膏状，慢慢地添加冷却的奶油，直至呈现多气泡状，并搅拌均匀。将上述混合液体放入一个配有带凹槽裱花嘴的裱花袋里，再放入冰箱冷藏约20分钟。

装饰

用一把带齿的刀将泡芙横切成两半，在底层的泡芙上，挤上少许杏仁泥奶油和柠檬果脯，再挤上奶油，再将上层泡芙放好，上面部分即"泡芙帽"。然后撒上糖粉及柠檬果脯，即告完工。

小贴士Tips

· 可以根据个人爱好及食用人数，制作不同尺寸的蛋糕。

· 在制作柠檬果脯时，要注意焦糖不要结晶。总之，尽量用小火来加热。

大理石斑纹巧克力蛋糕

Gâteau zébré au chocolat & à l'orange

工具

厨师机 + 直径20~22厘米的蛋糕模具 + 搅拌盆 + 平底锅 + 厨用温度计 + 刨刀 + 汤匙

8人份

准备时间：35分钟　烘焙时间：50分钟

面团配料

150毫升葡萄籽油，150克细砂糖，100毫升+1汤匙牛奶，3个鸡蛋，225克面粉，6克酵母，20克苦可可粉，橙皮屑（1个橙子）

装饰配料

50克黑巧克力

面团做法

将烤箱预热至180℃。用厨师机搅打葡萄籽油、细砂糖和100毫升牛奶,直至混合均匀,再加入面粉和酵母,搅匀。将混合物分成两份,第一份中加入苦可可粉和1汤匙牛奶,第二份中加入橙皮屑。

在蛋糕模具内涂抹黄油及面粉,然后交替倒入2汤匙橙皮面团和2汤匙可可面团,并将其呈螺旋状放入烤箱烘烤45~50分钟。用小刀的刀尖来测试是否烤熟,将刀尖插入蛋糕中再取出,刀刃是干净的即为烤好。烤好后让蛋糕冷却片刻,然后脱模,放在搁架上。

装饰做法

将巧克力调温,用1只大汤匙小心翼翼地将巧克力浇在蛋糕的四边,并让巧克力浆流下。

小贴士Tips

- 如果面团太稀,不必感到奇怪,就是要借助这种流动感的纹路,使蛋糕呈现出大理石斑纹。
- 为了使蛋糕能保存数日,可用保鲜膜将其包裹,放于阴凉通风之处。
- 如果蛋糕膨胀得太多,可将蛋糕底部圆形部分切割、削平,易于摆放。
- 为了使装饰更准确,在淋巧克力浆时,可借助一把刷子。

柑橘胡萝卜蛋糕

Carrot cake aux notes d'agrumes

工具

搅拌盆 + 平底锅 + 直径16厘米的方形蛋糕模具 + 刮刀 + 电动打蛋器 + 食用保鲜膜 + 蔬菜刨削刀

10人份

准备时间：1小时　冷冻时间：2小时
烘焙时间：55分钟

橙子冻配料

150毫升鲜榨橙汁，1克琼脂

橙皮果脯配料

2个橙子，细砂糖

胡萝卜蛋糕配料

150克黄油，450克胡萝卜，3个鸡蛋，180克榛子粉，90克T55号面粉，11克酵母，150克红糖，1咖啡匙肉桂粉，柚子皮屑（1个），橙子皮屑（1个）

淋面配料

蛋白（1个鸡蛋），150~200克糖粉，柠檬汁

装饰配料

榛子碎

橙子冻做法

将橙汁加热至沸腾，加入琼脂，再继续加热1~2分钟。将混合物倒在铺上食用保鲜膜的案板上，使之厚度约为0.5厘米，用保鲜膜包裹好后放入冰箱冷藏2小时。

橙皮果脯做法

用蔬菜削刨刀清除橙皮上的筋丝，将橙子一片片剥下，放于阴凉通风处。把橙皮切成很细的小条，将它放入盛有冷水的平底锅中，加热至沸腾，然后倒掉水，重复操作一次。随后将水沥干，秤重量，重新放入平底锅中，加入同等份量的细砂糖，加水没过食材。慢慢加热，直至水分完全挥发，放于阴凉处。

胡萝卜蛋糕做法

将烤箱预热至200℃。在平底锅内用小火加热黄油，当黄油融化，马上熄火，并将平底锅底浸入冰水中。

将胡萝卜刨丝，沥干水分，加入鸡蛋和榛子粉，然后加入已冷却的黄油。再加入面粉、酵母、肉桂粉、红糖、柚子皮屑、橙子皮屑，混合后倒入涂好黄油并撒好面粉的方形蛋糕模具中。放入烤箱烘烤35~40分钟，如果蛋糕变色太快，可以裹上一层锡纸。出炉后将蛋糕置于搁架上冷却。

淋面做法

将所有配料全部混合在一起，如果混合物太稀，就多加些糖粉，如果太稠就多加点柠檬汁。给冷却的胡萝卜蛋糕浇上淋面，然后将橙皮果脯放在表面做装饰，同时还可用一瓣瓣的橙肉和橙子冻，以及榛子碎进行点缀。

小贴士Tips

· 可以提前一天制作橙子冻，放在冰箱里过夜存放。

· 制作橙子果脯时，火力不能太大，这样会使糖变焦。需要的话，可多加水或把火力降至最低。

· 榛子黄油为胡萝卜蛋糕添加了一种无法比拟的味道。制作时要多加小心，别让它太焦了！

☆☆☆

焦糖花冠圣人泡芙

Saint-honoré aux noix de pécan, corolle de caramel

工具

搅拌盆 + 平底锅 + 裱花袋 + 裱花嘴（有花纹和无花纹各1个，用于小烤箱）+ 烘焙纸 + 食用保鲜膜 + 直径14~16厘米的半球状模具 + 厨师机 + 电动打蛋器 + 厨用温度计 + 硅胶垫 + 小刷子

4~6人份

准备时间：1小时25分钟　烘焙时间：55分钟

圣人泡芙配料

125毫升水或牛奶，1小撮盐，45克黄油，60克T55号面粉，100~110克鸡蛋（2~3个）

面团配料

一张圆形的直径为18~20厘米的油酥面团（见P272）

吉布斯特奶油（Crème chiboust）配料

2片明胶片，250毫升全脂牛奶，1根香草荚，4个蛋黄，110克细砂糖，25克玉米淀粉，20克黄油，20克水，60克蛋白（2个）

装饰配料

300克细砂糖，山核桃

圣人泡芙做法

将烤箱预热至170℃。在平底锅内加热水（或牛奶）、盐、黄油，当黄油完全融化并且液体开始沸腾时，加入面粉，然后用刮刀大力搅拌。降低火力继续搅拌使其形成一个圆球，且取出时可在平底锅底部留下一层薄膜。将面团放入碗中，让它冷却片刻。

将鸡蛋逐个加入到面团里，特别注意要等前一个鸡蛋完全融入面团后再加入下一个，可以根据情况调整鸡蛋数量，要使面团更光滑、闪亮和均匀。然后把面团放入配上无花纹裱花嘴的裱花袋里。

把圆形油酥面团放在铺了烘焙纸的烤盘上，用泡芙面团做出两个圆圈，一个放在油酥面团的边上，一个放在中央，在它们周围用剩下的面团做出泡芙。

将小刷子用水微微蘸湿，把泡芙的表面刷得更光亮，放入烤箱烘烤30~40分钟，直至其膨胀，并呈金黄色，取出后放在搁架上冷却。

吉布斯特奶油做法

在一个放满清水的大碗里放入明胶片，浸泡10分钟。用平底锅加热牛奶，并加入香草籽和一切为二的香草荚。在搅拌盆内搅打蛋黄，并加入50克细砂糖和玉米淀粉。当牛奶沸腾，把香草荚取出，然后将其倒入上述混合物内，并不断搅拌。再将所有混合物倒入平底锅中慢慢加热，并不断搅拌，待混合物沸腾并变稠，再加热1~2分钟，然后加入黄油和沥干水分的明胶片，最后将做好的混合物放到搅拌盆里，并包上保鲜膜。

将剩余的60克细砂糖和水放入平底锅内加热，当糖浆达到110℃时开始全力打发蛋白。当糖浆温度达到118℃时，离火，缓缓倒入蛋白中，并用刮刀搅拌。将做好的吉布斯特奶油放入配有无花纹裱花嘴的裱花袋中。

装饰

用小型裱花嘴在泡芙的底部钻出小洞，再挤入吉布斯特奶油。

把150克细砂糖放入平底锅中加热，直至呈现漂亮的琥珀色。将泡芙浸入焦糖中，再将它们放到硅胶垫上，顶部朝下。当焦糖凝固，将泡芙摆正。

将焦糖加热，在泡芙表面撒上山核桃、淋上焦糖，把泡芙的底部也浸入焦糖中，然后将其固定到酥皮上。用剩余的吉布斯特奶油来装饰酥皮内部（可以将裱花嘴换成有纹路的款式），将其放在阴凉处保存。

焦糖花冠做法

在半球状模具内少量地涂上黄油,把剩余的150克细砂糖加热,直至其成为焦糖。用汤匙舀焦糖,在半球模具内画出线条,令线条相互交叉并相连,并静置一段时间,然后将这个焦糖花冠从模具中取出。

将花冠置于泡芙表面,并把特别留下的小泡芙放在花冠中央。

☆☆

巧克力青柠热那亚蛋糕

Vertical cake au chocolat & Au combava

工具

搅拌盆 + 平底锅 + 手动打蛋器 + 厨用温度计 + 筛网
+ 烘焙纸 + 刮刀 + 裱花袋 + 有槽的裱花嘴 + 标准裱花嘴 + 蛋糕铲 + 食用保鲜膜

8人份

准备时间：50分钟　冷藏时间：3小时
烘焙时间：15分钟

巧克力淋面配料

200克牛奶巧克力，70克黑巧克力，
300毫升液状奶油，30克蜂蜜，青柠檬皮屑（半个），100克黄油

热那亚蓬松蛋糕配料

125克T55号面粉，200克鸡蛋（4个）
125克细砂糖，青柠皮屑（半个）

装饰定型配料

1个青柠檬，开心果碎粒

巧克力淋面做法

将两种巧克力敲碎,并用隔水蒸的方法使之融化。将液状奶油、蜂蜜及青柠皮屑煮沸,缓缓地倒入巧克力液中,用刮刀搅拌均匀,再加入黄油。将混合物的三分之一放入配有有槽裱花嘴的裱花袋中,剩余三分之二留在碗中,包上保鲜膜,放入冰箱冷藏至少3小时。

热那亚蓬松蛋糕做法

将烤箱预热至180℃。将面粉过筛,用手动打蛋器用力搅拌鸡蛋和细砂糖,用隔水蒸的方法使其体积膨胀至两倍且温度达到45℃。

将容器从隔水蒸中移开,加入青柠檬皮屑,继续搅拌直至面团完全冷却。把面团举高,能形成一条带状且连续不断向下掉落,证明面团已经制作完成。将过筛后的面粉均匀撒入面团中,用刮刀调和均匀。

将面团倒在铺有烘焙纸的烤盘上,并用刮刀将面团铺平后放入烤箱烘烤15分钟,直至蛋糕呈金黄色为止。

取出后静置冷却,在一块干净的湿润抹布上将蛋糕倒扣,剥离烘焙纸,将蛋糕用抹布卷起来,然后再摊开,按10厘米的宽度切成长条,随后再一次将蛋糕重新卷起。

装饰定型

将蛋糕平铺在案板上,用刮刀涂上一层薄薄的巧克力淋面,小心翼翼地将其卷成蛋糕卷,将其置于盘子上。

将余下的巧克力淋面涂在蛋糕上,在四周涂满后将淋面自下而上地用蛋糕铲割出垂直纹路,并在顶部用有槽的裱花嘴画出一条条线条。将青柠檬皮屑和开心果碎粒撒在表面做装饰,便大功告成。

小贴士Tips

· 为了检查蛋糕是否熟透，用手指按压一下，如果蛋糕可立即恢复原状，便成功了。

· 可选用泰国小青柠，味道特别浓郁，它特有的柠檬香味和生薰味与巧克力极为配合。

☆☆☆

芒果派

Ma fabuleuse tropézienne à la mangue

工具

厨师机 + 搅拌盆 + 平底锅 + 擀面杖
+ 食用保鲜膜 + 直径22~24厘米的模具 + 裱花袋
+ 花纹裱花嘴 + 直径8厘米的圆形模具 + 带齿的小刀 + 筛网

12~14人份

准备时间：1小时30分钟　发酵时间：5小时
冷藏时间：30分钟　烘焙时间：30分钟

布里欧修面团配料

500克T45号面粉，10克盐，60克细砂糖，20克酵母，300克鸡蛋（约6个），
250克软黄油，1个鸡蛋

橙花白色薄奶油配料

500毫升全脂牛奶，80克蛋黄（4个鸡蛋），100克细砂糖，50克玉米淀粉，
50毫升橙花水，250克黄油

定型配料

半个芒果，糖粉

芒果派

布里欧修面团做法

在厨师机的容器中加入除了最后用于呈现金黄色效果的黄油和鸡蛋以外的其他材料。另外要注意,别把酵母和盐及细砂糖直接搅拌在一起。在进行搅拌转动时,开始5分钟用慢速,后10分钟再用快速,然后加入软黄油,当它们完全混合,再继续搅拌5分钟,直至面团形成条状,并能在容器壁上发出响声(表示有黏性)。

用保鲜膜将面团包裹起来与空气隔绝,在常温下进行发酵。随后去掉保鲜膜,将面团放在铺有保鲜膜的案板上,再用保鲜膜包裹,使其密不通风。放入冰箱冷藏2小时以上,最多可以存放12小时。

对面团进行加工

在直径24厘米的模具内铺上烘焙纸,取三分之一面团倒入模具中,并将多余的部分推向四周,将面团的表面稍加湿润。用直径8厘米的圆形模具将剩余的面团切割出数个圆形面饼。将每三个圆形面饼叠在一起,相互跨越,再搓在一起,做成玫瑰花形状,将其一切为二,放入模具中的面团上,将其稍微分开些距离再粘在一起,因为加热后会膨胀。将剩余的圆形面饼按如此操作,发酵1.5~2小时后放入已熄火的烤箱中。同时在烤箱中放一个装满热水的搅拌盆。将花式面饼从烤箱中取出后,烤箱预热至180℃,将鸡蛋液涂抹在面饼上使其变成金黄色,再放入烤箱烘烤25~30分钟,取出后放在搁架上冷却。

橙花白色薄奶油做法

将牛奶倒入平底锅中加热至沸腾。在搅拌盆中放入蛋黄、细砂糖及玉米淀粉，搅拌均匀，将沸腾的牛奶缓缓倒入此混合物中，并不停搅拌。将所有混合物倒入平底锅，一边搅拌一边加热，直至混合物沸腾并变稠，再继续加热1~2分钟。倒入橙花水和125克黄油，随后将做好的奶油倒在案板上，包上保鲜膜与空气隔绝，并在常温下冷却。

在厨师机里放入剩余的125克黄油进行搅拌，直至其成为膏状，再一点点加入黄油，然后放入配有花纹裱花嘴的裱花袋里。

装饰定型

将芒果果肉切成小丁，将冷却的蛋糕用有齿的小刀横向切割，用裱花袋在圆形的蛋糕底部挤上一圈奶油，放上芒果丁，放入冰箱冷藏30分钟。食用前，在第二层蛋糕上放上芒果丁，撒上糖粉。

小贴士Tips

- T45号面粉黏性十足，可使面团具有弹性，这样做出的蛋糕膨胀度很高，且气孔多。
- 要用冷藏的鸡蛋制作蛋糕面团，因为揉面团时会产生热量，如果发热太迅速，酵母会开始发酵，使面团发酵的过程遭到破坏，使用冷藏的鸡蛋可以阻止面团提前发酵。
- 可以在第二次发酵之前，先将面团冷冻然后再使用。
- 如果面团在烘焙过程中颜色变化太快，可在蛋糕面团上盖上一层锡纸。
- 先将橙花白色薄奶油放在冰箱内冷藏，使奶油成形。如果不冷藏就直接制作奶油花的话，可能花样会塌下去，因为奶油还不够坚实。
- 将奶油放入冰箱冷藏，在使用前10分钟取出，使奶油恢复到原来趋于融化的状态。

香蕉太妃馅饼

Tarte façon banoffee au pop-corn croustillant

工具

搅拌盆 + 切刀 + 食用保鲜膜 + 烘焙纸 + 厨用填充物
+ 29×20厘米的长方形模具 + 平底锅 + 煮锅
+ 厨师机 + 筛网 + 裱花袋 + 普通裱花嘴

8~10人份

准备时间：1小时　放置时间：2小时
烘焙时间：35分钟

油酥面团配料

250克T55号面粉，125克切成小块的冻黄油，
100克细砂糖，1个鸡蛋，2克盐

咸味黄油焦糖配料

125克细砂糖，190毫升全脂液状奶油，50克有盐黄油

搅打稀奶油配料

200毫升低温全脂奶油，35克马斯卡彭奶酪，
1根香草荚，20克糖粉

定型配料

3根熟透的香蕉，一大把玉米粒，葵花油，
50克细砂糖，苦味可可粉

香蕉太妃馅饼

油酥面团做法

在搅拌盆里混合面粉、冻黄油、细砂糖，用双手手掌相互摩擦，使其混合成均匀的沙状。在其中心挖一个坑，打入鸡蛋、撒入盐，与面团再次混合均匀。然后将面团放在案板上，用刀将其压扁，再将其揉成一个圆球，再压扁，裹上保鲜膜，放入冰箱冷藏至少2小时。

饼皮做法

将烤箱预热至180℃。将面团在案板上摊平，撒上一层厚度2~3毫米的面粉。将面团放入长方形模具中，去除边缘多余的面团。铺上烘焙纸，放上厨用填充物，放入烤箱烘烤20分钟，取出后放在搁架上冷却。

咸味黄油焦糖做法

平底锅中加热细砂糖，直到糖呈琥珀色。在微波炉中加热奶油，注意不要喷溅。将糖与奶油混合，加入有盐黄油，室温下放置。

搅打稀奶油做法

将低温全脂奶油和马斯卡彭奶酪倒入搅拌盆中，加入香草籽，用厨师机慢慢地搅拌，逐渐加快速度。当混合物开始膨胀且变黏稠时撒入糖粉，直到搅打稀奶油变得十分厚实为止。将其放入配有普通裱花嘴的裱花袋里。

装饰定型

向平底锅中倒油，放入玉米粒，盖上锅盖后再加热，直至所有颗粒均匀爆裂。在另一个锅里倒入细砂糖，加热，直至糖全部融化成糖浆，再放入爆米花，让所有的爆米花均匀地包裹上糖浆，最后倒在一张烘焙纸上，冷却。

将香蕉切成小圆片，铺在饼皮表面，淋上焦糖，把搅打稀奶油按规则的线条依次挤上，然后撒上可可粉，再用爆米花和香蕉片点缀。

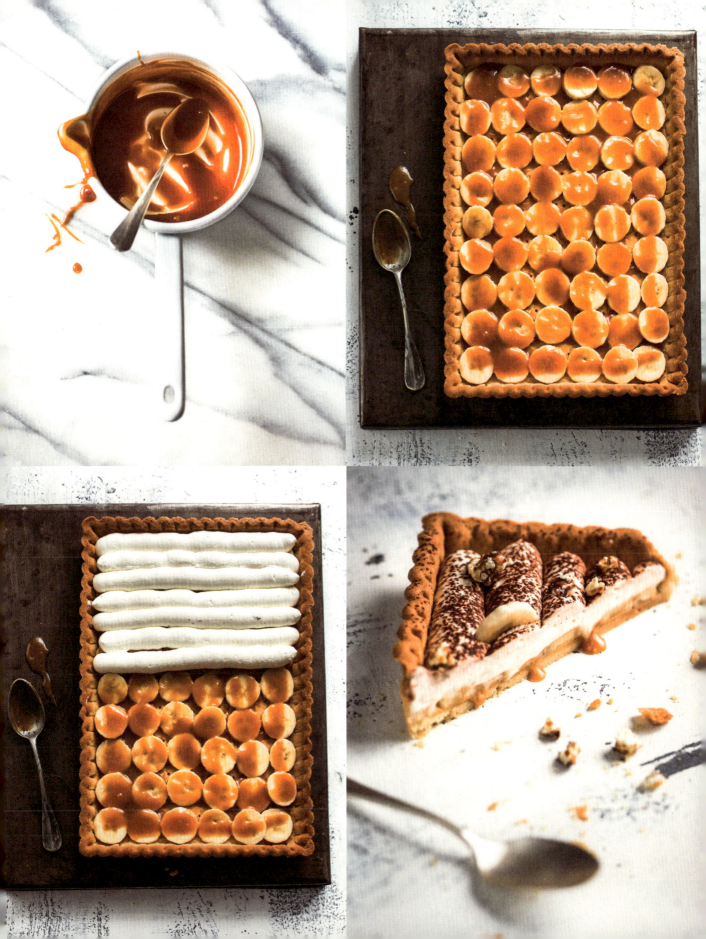

小贴士Tips

· 油酥面团容易断裂,可以把它夹在两张烘焙纸中间以避免断裂。

· 如果没有厨用填充物,可用豆类和谷物代替,如米、豌豆、鹰嘴豆等。

· 最好用可拆底的挞派模具,方便取出。

· 别把用过的香草荚丢弃,将其放在一个广口瓶内加入白砂糖,几个星期后,就制成了香草糖。

· 可以提前一天制作面团、焦糖、爆米花,但要放入冰箱保存。

☆☆

草莓勃朗峰蛋糕

Monts-blancs aux fraises

工具

厨师机 + 搅拌盆 + 厨用温度计 + 裱花袋 + 普通裱花嘴 + 条状裱花嘴 + 烘焙纸 + 硅胶垫 + 刮刀 + 平底锅 + 筛网 + 手动打蛋器

10人份

准备时间：1小时 烘焙时间：55分钟

法式奶油夹心烤蛋白配料

120克蛋白（约4个鸡蛋），120克细砂糖，120克糖粉

栗子配料

300克栗子面团，110克黄油，90克栗子奶油，30毫升牛奶，15毫升朗姆酒

意式奶油夹心烤蛋白配料

50克细砂糖，15克水，30克蛋白（1个鸡蛋）

搅打稀奶油配料

360毫升低温液体奶油，60克马斯卡彭奶酪，1根香草荚，40克糖粉

装饰配料

250克草莓，1瓶草莓酱，糖粉，金箔（随意）

草莓勃朗峰蛋糕

法式奶油夹心烤蛋白做法

将烤箱预热至100℃。用厨师机搅打蛋白,直至呈泡沫状。逐次加入细砂糖,当混合物变亮并且质地均匀时,降低厨师机的速度,撒入糖粉。

将混合物放入装有普通裱花嘴的裱花袋里,在烘焙纸上挤出10个直径约8~10厘米直径的小圆饼。将其中心部分轻轻地挖空,犹如鸟巢一样,放入烤箱烘焙50分钟,取出后放在搁架上冷却。

栗子做法

在栗子面团中加入黄油,混合均匀,再放入栗子奶油,用手动打蛋器搅拌至乳状。在平底锅里将牛奶和朗姆酒加热,再加入到上述混合物中。

意式奶油夹心烤蛋白做法

把细砂糖和水倒入平底锅,用厨用温度计来察看温度。将蛋白放入厨师机中。当糖水温度达到110℃,开始将蛋白搅打至雪花状,当糖水温度达到118℃时关火,缓慢地将其以细线状倒入蛋白中,并不停地搅拌,直至完全冷却。缓缓地将混合物倒入栗子粉条混合物中,并倒入配有条状裱花嘴的裱花袋中。

搅打稀奶油做法

将低温液体奶油和马斯卡彭奶酪一起倒入搅拌盆，加入从香草荚中取出的香草籽，用手动打蛋器温和地搅拌，渐渐加速。当混合物开始膨胀且变黏稠时撒入糖粉，继续搅拌直至可在手动打蛋器前端形成尖状，将其放入配有普通裱花嘴的裱花袋中。

装饰定型

把草莓切成小块，在每个奶油蛋白小鸟巢内放上1咖啡匙草莓酱和1咖啡匙草莓丁，在顶部用裱花袋挤上奶油夹心蛋白，依靠刮刀的帮助，使之形成圆顶状。

在圆顶上挤上栗子粉条，放上几片草莓，再撒上糖粉，还可以点缀少许金箔片。

小贴士Tips

- 可以把奶油夹心烤蛋白换成瑞士风味的奶油夹心烤蛋白。
- 勃朗峰蛋糕并不容易冷冻，最好将栗子粉条静置一会儿，再放入冰箱。
- 如果剩下一些栗子粉条，将其保存在一个密封的盒子里再放入冰箱。
- 在本食谱中只使用了鸡蛋的蛋白，蛋黄可以用来制作英式奶油。
- 栗子面团可在烘焙专卖店或者网店购买。

菠萝薄荷奶油蛋白饼

Pavlova à l'ananas & à la menthe

工具

搅拌盆 + 手动打蛋器 + 厨师机 + 挖球器 + 平底锅
+ 烘焙纸 + 硅胶垫 + 筛网

8人份

准备时间：50分钟　烘焙时间：2小时

奶油蛋白饼配料

120克蛋白（4个鸡蛋），120克细砂糖，120克过筛的糖粉

装饰配料

1个小菠萝，50克粗红糖，
半根香草荚，1汤匙朗姆酒（随意）

搅打稀奶油配料

180毫升液状奶油（冷），30克马斯卡彭奶酪，
20克糖粉，10~15片薄荷叶

最后装饰配料

40~50克细砂糖，薄荷叶（随意）

奶油蛋白饼做法

烤箱预热至110℃。用厨师机搅打蛋白，待蛋白变成泡沫状，逐渐加入细砂糖，搅打至混合物变得均匀和平滑，降低速度，加入过筛的糖粉。

将混合物倒在铺好烘焙纸的烤盘上，在其中心部分轻挖一个凹槽，再放入烤箱中，烘焙1小时40分钟，取出后放在搁架上冷却。

点缀装饰

用挖球器取出菠萝粒。在平底锅中将粗红糖加热，呈焦糖状时加入菠萝粒和香草荚，待其慢慢变色，加入水和朗姆酒，将锅底的焦糖全部融化，待其慢慢收缩，离火，冷却。

搅打稀奶油做法

将搅拌盆和手动打蛋器放入冰箱中冷藏10分钟，将液状奶油和马斯卡彭奶酪倒入搅拌盆中，缓缓地搅拌，逐渐加快速度，待混合物变得膨胀且黏稠时撒入糖粉，继续搅拌，直至混合物可在打蛋器前端形成尖状，并且可粘住盆壁。将薄荷叶放入搅打稀奶油中。

最后装饰

在平底锅里加入细砂糖，加热直至成为焦糖，离火，用汤匙舀焦糖，在硅胶垫上画出之字形的糖丝。

铺一层搅打稀奶油在奶油蛋白饼上，加上淋过焦糖的菠萝粒，再用焦糖及制作菠萝粒的糖浆来装饰奶油蛋白饼，最后加上数片薄荷叶做点缀便大功告成。

小贴士Tips

- 可以提前一天制作奶油蛋白饼,将蛋白饼放置在阴凉干燥处,可使其不易变形。

- 注意在放入烤箱前,细砂糖需在蛋白中完全融化,如果留有细砂糖粒,则会在烘焙中转化为糖浆,这样会令蛋白变得很黏稠。

- 为了使搅打稀奶油更有薄荷味道,可提前一天将奶油与十几片薄荷叶一起煮至沸腾,放入冰箱冷藏一晚,使之浸透入味,第二天将薄荷叶过滤掉,再按前述方法继续制作。

柚子柠檬提拉米苏

Tiramisu au pamplemousse & au limoncello

工具

厨师机 + 搅拌盆 + 平底锅 + 厨用温度计 + 裱花袋
+ 标准裱花嘴 + 烘焙纸 + 筛网
+ 刮刀 + 直径20~22厘米的圆形模具 + 刷子

8人份

准备时间：2小时　烘焙时间：10分钟
冷冻时间：30分钟

手指饼干配料

100克面粉，120克蛋白（4个鸡蛋），100克细砂糖，80克蛋黄（4个鸡蛋），
30克糖粉

马斯卡彭奶酪和柚子奶油配料

2片明胶片（4克），75克细砂糖，20克水，50克蛋黄（2~3个鸡蛋），
2汤匙柠檬汁，250克马斯卡彭奶酪，
170毫升全脂奶油，柚子皮（2个）

潘趣柠檬汁配料

50毫升水，25克细砂糖，50毫升柠檬汁

装饰配料

1个柚子，金箔，金粉，柚子皮屑

手指饼干做法

将烤箱预热至190℃。将面粉过筛。搅打蛋白成雪花状,待其产生泡沫,分次加入细砂糖,并继续搅拌,直至蛋白稳定且厚实。再轻轻地搅打蛋黄,以流线状缓慢地倒入上述混合物中,搅拌均匀,用刮刀小心翼翼地倒入面粉,混合成均匀的面团。将面团放入配有标准裱花嘴的裱花袋中,并将面团在铺有烘焙纸的烤盘上做出两个螺旋形的圆饼和一条如子弹袋的长条(见下图)。

用筛网在饼的上面轻轻筛上一层薄薄的糖粉,5分钟后再重复这一动作,放入烤箱中烘烤10分钟,取出后将其与烘焙纸剥离,放在搁架上冷却。

马斯卡彭奶酪和柚子奶油做法

将明胶片放入冷水中浸泡10分钟。

将细砂糖和水放入平底锅中加热。将蛋黄放入搅拌盆中。当糖水温度达到115℃时,将它缓缓地倒入蛋黄中并不断搅拌,直至混合物恢复常温。

将柠檬汁加热,熄火后加入脱水的明胶片,再倒入之前的混合物中,并搅拌均匀。

用厨师机搅拌马斯卡彭奶酪和全脂奶油,待其混合均匀后,用刮刀小心翼翼地将其加入到之前准备好的混合物中,再放入柚子皮屑。将混合好的奶油放入配有标准裱花嘴的裱花袋里,放入冰箱冷藏30分钟。

潘趣柠檬汁做法

将水和细砂糖加热至沸腾,熄火,加入柠檬汁,倒入碗中冷却。

装饰定型

用小刀将子弹袋式的饼底切整齐,把它镶嵌到圆形模具中,并置于盘内,用剪刀处理第一个圆形蛋糕,使其大小正好与模具相符合。用刷子浸透柠檬汁后刷在蛋糕上,再涂上马斯卡彭奶油。

再切下第二个圆蛋糕,使其大小合乎尺寸,在两边涂上柠檬汁,将其放置于奶油上,并轻轻地压挤后再放上一层新的奶油,将奶油刮平,最后将奶油铺满整个平面。将鲜柚子剥成四瓣,切成小方块,放置于提拉米苏上,将金箔、金粉撒在表面,还可以放上柚子皮屑做装饰。

小贴士Tips

· 将圆蛋糕和子弹袋形的面团放在烤盘上时,相互要多留些空间,因为面团在烘烤中会膨胀。

· 蛋黄加柠檬汁被称为"爆炸性装置",它可以产生固定的泡沫且口感更佳。

· 为了更易放置金箔,可借助小摄子或毛笔拿取。

· 如果柠檬汁有剩余,可放入密封盒存入冰箱,以便下次使用。

★★★

开心果千层酥

Mille-feuille pistaches & framboises à la renverse

工具

搅拌盆 + 刮刀 + 电动打蛋器 + 擀面杖 + 食用保鲜膜 + 切刀 + 2块硅胶垫 + 烘焙纸 + 筛网 + 平底锅 + 裱花袋 + 标准裱花嘴 + 特殊裱花嘴

8~10人份

准备时间：1小时35分钟　烘焙时间：30分钟
冷冻时间：2小时10分钟

千层酥面团配料

·调面粉：400克T55号面粉，200毫升冷水，10克盐，50克软黄油
·特殊黄油：250~300克干黄油（含84%油脂）
·制作千层酥的焦糖：糖粉

开心果奶油配料

2.5片明胶片，250毫升全脂牛奶，2汤匙开心果酱，40克蛋黄（2个鸡蛋）
50克细砂糖，200毫升全脂液状黄油，20克糖粉

装饰配料

250克树莓，50克开心果碎粒

小贴士 Tips

· 可利用千层酥面团在冰箱中冷冻的时间,制作开心果奶油。

· 制作千层酥,成功的关键在于烤制面团时,一定要在两个平板之间,要让千层酥面团平升得较高,而且它的厚度也要规则且平均。

· 用裱花嘴做出美丽的装饰,要一次性地挤出奶油,动作要流畅且快速。

开心果千层酥

千层酥面团做法

调面粉：将面粉倒入搅拌盆中，并在中间挖一个小凹槽，将水倒入，同时倒入融化的黄油及盐，用手指尖将它们一点点地混合。

将面团揉捏均匀后，揉成一个圆球，压平，再做成一个长方形的面块，用保鲜膜包裹，放入冰箱冷藏1小时。

制作特殊黄油：将干黄油放在两张烘焙纸中间，用擀面杖敲打，使其变软，然后做成0.5厘米厚的四方块，放入冰箱冷藏。

千层酥做法

在案板上撒上面粉，将千层酥面团从冰箱里取出，摊成长方形，长度为宽度的两倍以上，注意要让面团厚度均匀，并看不出边缘连接的样子。将特殊黄油放在面团中间，将面团向上卷。

将面团拉长，使长度达到宽度的3倍。先将面团重叠，旋转15度，开口在右侧，用擀面杖压面团，使边缘闭合，再向长度方向摊开面团。将面团用保鲜膜裹起来，放入冰箱冷藏30分钟。

重复上述动作4次，再放入冰箱冷藏20分钟，然后以同样方法重复两次，再放入冰箱冷藏20分钟。

烘焙千层酥

烤箱预热至190℃。将面团摊开，厚度为2毫米，然后将面团放在铺有烘焙纸的烤盘上，用叉子插住面团以便固定。用一把锋利的长刀将面团切割成16~20个长方形面团。

将面团裹好烘焙纸后，再裹上一层烘焙纸，放在另一个烤盘上，放入烤箱烘焙25分钟。千层酥烤熟后，会出现一层层的状态。

将千层酥从烤箱中取出，将温度调至220℃。去除烘焙纸，用筛网筛入白砂糖，再放入烤箱使之焦糖化约3~5分钟，取出后放在搁架上冷却。

开心果奶油做法

将明胶片放在盛有冷水的碗里浸泡10分钟。在平底锅里将全脂牛奶和开心果酱加热。在搅拌盆中搅打蛋黄、细砂糖及玉米淀粉。当牛奶煮沸,将其缓缓倒入上述混合物里,并不停搅拌。再将所有混合物倒入平底锅,缓慢搅拌加热。等到混合物滚沸及变稠,再加热1~2分钟。然后加入黄油和沥干水分的明胶片,离火后在常温下冷却,然后将混合物包上保鲜膜,使之与空气隔绝。

在液状黄油中加入糖粉并继续搅拌,使之更加顺滑。用刮刀先加入三分之一的搅打稀奶油,当混合物已调制均匀,再细心地将剩余搅打稀奶油加入。

将此奶油的四分之三加入配有特殊裱花嘴的裱花袋中,其余四分之一加入配有标准裱花嘴的裱花袋中,将其放在阴凉之处。

装饰定型

在一块长方形千层酥上,用标准裱花嘴挤上开心果奶油,并在奶油表面放上树莓,再放上一块长方形千层酥。

将千层酥侧放于一边,用配有特殊裱花嘴的裱花袋挤上开心果奶油,撒上开心果碎粒,并点缀上树莓片,在每一组组合好的千层酥上重复这一动作,完成后即可享用。

☆☆☆

别具一格的马卡龙

Exceptionnels macarons

工具

搅拌盆 + 厨师机 + 3块硅胶垫 + 筛网 + 厨用温度计 + 裱花袋 + 条纹裱花嘴 + 标准裱花嘴（7毫米和12毫米各1个） + 毛笔 + 毛刷 + 烘焙纸 + 刮刀 + 电动打蛋器

约20个马卡龙配料

马卡龙配料

400克糖粉，400克杏仁粉，300克蛋白（约40个鸡蛋），400克细砂糖，100克水，玫瑰红、绿色和橙色的调色粉

树莓奶油配料

100克细砂糖，40克水，60克蛋白（约2个鸡蛋），25克软黄油，60克树莓泥，1个树莓小艇

青柠檬奶油配料

1片明胶片（2克），2个青柠檬皮，50克青柠檬汁，100克鸡蛋（2个），100克细砂糖，80克黄油

百香果奶油配料

100克细砂糖，40克水，60克蛋白（2个），125克软黄油，60克百香果泥

装饰配料

树莓马卡龙：树莓，可食用花材，蛋白（1个鸡蛋）
百香果马卡龙：100克糖粉，15克蛋白（约半个鸡蛋），柠檬汁，珠粒糖
青柠檬马卡龙：青柠檬皮屑（1个青柠檬）

马卡龙做法

将烤箱预热至160℃。将糖粉与杏仁粉混合,过筛,秤一下蛋白重量,将其中一半(约150克)放入厨师机的搅拌盆中,另一半放入另一盛器中。将杏仁粉及细砂糖混合物倒入搅拌盆中直至含量平均。

将细砂糖和水倒入平底锅中加热,并用厨用温度计测量温度,当糖浆温度达到110℃,开始用厨师机打发蛋白直至呈雪白状为止。当糖浆温度达118℃,停止加热,并将其缓缓地倒入蛋白中,继续搅拌直至全部冷却。

将这两种准备物用刮刀来混合,将混合物自上而下在搅拌盆中转动搅和,将混合物分成三份:第一份染成玫瑰色(树莓),第二份染成绿色(青柠檬),最后一份染成橙色(百香果)。

将烘焙纸铺在烤盘上,将三种颜色的混合物分别放入装有标准裱花嘴的裱花袋中,在做树莓马卡龙时,挤出6厘米直径的圆饼;做青柠檬马卡龙时,将其中一半挤成直径2.5~3厘米的圆饼,另一半挤成直径4厘米的圆饼;做百香果马卡龙时,则挤出4厘米的圆饼。

将这些圆饼放入烤箱烘焙,根据其体积大小,烘焙12~15分钟不等,待冷却后再取出。

树莓奶油做法

将细砂糖放入平底锅,加水后加热,并用厨用温度计来控制温度。将蛋白放入厨师机的搅拌盆里,当糖水温度达到110℃,将厨师机开至最大频率,将蛋白打发成雪白状。当糖水温度达到118℃,离火,以流线状倒入蛋白中,并不断搅拌,直至完全冷却。再一点点加入黄油,并继续搅拌,直至呈泡沫状。加入树莓泥,搅拌均匀,倒入配有标准裱花嘴的裱花袋中,放入冰箱冷藏30分钟。

别具一格的马卡龙

青柠檬奶油做法

将明胶片放入盛冷水的碗里浸泡10分钟，去掉青柠檬的外皮。在平底锅中煮青柠檬汁并加入50克细砂糖。在搅拌盆里搅打鸡蛋和剩余的50克细砂糖，当液体沸腾，将其过滤后倒在鸡蛋液上，并继续搅打，直至混合物变稠。倒入一个盆中，加入沥干水分的明胶片和青柠檬皮。

当混合物温度降至室温时，加入块状黄油，用电动打蛋器搅拌。将做好的奶油放入配有标准裱花嘴的裱花袋里，放入冰箱冷藏至少3个小时。

百香果奶油做法

将细砂糖放入平底锅中，加水后加热，用厨用温度计来控制温度。将蛋白放入厨师机的搅拌盆里，当糖水温度达到118℃，离火，缓缓地倒在蛋白上，并不停搅拌，直至完全冷却。再一点点加入黄油，继续搅拌直至混合物成泡沫状。加入百香果泥，搅拌均匀，装入配有标准裱花嘴的裱花袋中，放入冰箱冷藏至少30分钟。

别具一格的马卡龙

装饰定型

树莓马卡龙：在一半圆饼上挤适量树莓奶油，在其中央放上一颗新鲜的树莓；在另一半圆饼上，用毛刷蘸上蛋白，粘上一朵或两朵小花，把两个马卡龙圆饼重叠在一起放于阴凉处。

青柠檬马卡龙：在一半圆饼上挤适量青柠檬奶油，重叠放上另一个未加装饰的圆饼，在大块的马卡龙饼干上挤上少许奶油，这是这种"双色奶油糕点"的基础。然后粘上一个小马卡龙，在接连处的四周以灵巧的手法用奶油再点缀上有创意的图案，最后在双球形马卡龙上点上奶油，并撒上青柠檬皮屑。

百香果马卡龙：将糖粉、蛋白和数滴柠檬汁混合，糖粉要相当厚，如果太稀的话，可多加点糖粉；如果太稠，就多加几滴柠檬汁。

将上述混合物装入一个无裱花嘴的裱花袋里，剪去裱花袋的尾端，得到一个小孔眼（直径为1~2毫米），在一半的圆饼上画出圆圈的线条。再用一支湿毛笔，在光面上划，制造出刀齿状的边缘。再在剩下的另一半圆饼上挤上百香果奶油，将两个圆饼重叠合并。把马卡龙存放于密封盒里，放入冰箱冷藏24小时，它们将会出现理想的纹理，也可以将它们急冻。

小贴士Tips

· 为了节省时间，可以同时制作树莓奶油和百香果奶油，并且同时制作黄油奶油，然后一分为二，一部分加入树莓泥，另一部分加入百香果泥。

· 在按配方操作前，可按烤盘的尺寸先准备好烘焙纸，用铅笔在纸上画出将要烘焙的圆饼的位置，这样可以节省许多时间。

· 在给马卡龙配上奶油前，可将圆饼按同样直径的配成一对，这样马卡龙看上去会更整齐划一。

香草青柠"烧烤"冰淇淋

Omelette norvégienne vanille & citron vert

工具

搅拌盆 + 模具 + 厨用温度计 + 平底锅 + 刮刀
+ 手动打蛋器 + 厨师机 + 烘焙纸
+ 锡纸 + 果汁机 + 直径20厘米的半圆形模具 + 直径18厘米的甜点圆箍
+ 刨丝 + 筛网 + 喷枪

8人份

准备时间：1小时　烘焙时间：35分钟
冷冻时间：30分钟　急冻时间：6小时

费南雪蛋糕配料

135克黄油，135克蛋白（4~5个鸡蛋），50克杏仁粉
50克面粉，160克糖粉，30克杏子果冻（随意），青柠檬皮屑（1个青柠檬）

脆饼干配料

50克有齿边的薄饼，50克白巧克力

香草青柠檬冰淇淋配料

800毫升全脂牛奶，200毫升全脂液状奶油，1根香草荚，
8个蛋黄，160克细砂糖，青柠檬皮屑（2个青柠檬）

意大利蛋白夹心配料

250克细砂糖，70克水，120克蛋白（4个鸡蛋）

费南雪蛋糕做法

将烤箱预热至180℃。将黄油放入平底锅中加热使其变成栗色,随后冷却。在搅拌盆里搅打蛋白,加入杏仁粉、面粉、糖粉共同搅拌,直到混合物质地均匀为止。

加入杏子果冻、栗色的黄油,用青柠檬皮屑来提味。把面团放入铺有烘焙纸的模具里烘焙25~30分钟,取出后冷却,再撤掉模具,放在搁架上继续冷却,用甜点圆箍切割出一个圆形饼。

脆饼干做法

将有齿边的薄饼压成碎片。把白巧克力敲碎,用隔水蒸的方法将其融化。在白巧克力液中加入薄饼碎片,马上把这些脆片撒在圆饼上,大约0.5~1厘米厚度,放入冰箱冷藏30分钟。

香草青柠檬冰淇淋做法

在平底锅里倒入全脂牛奶、全脂液状奶油。将香草荚一切为二,连同剥出的香草籽一起加入锅中,加热煮沸。在搅拌盆内,将蛋黄和细砂糖搅拌,直至呈现白雪状。当牛奶达到沸点后,将香草荚取出,倒入先前准备好的混合物中,并不停搅拌,再倒回平底锅内,缓缓加热,用刮刀不断地搅拌,用厨用温度计测量温度。当奶油可裹上刮刀,即准备就绪,此时温度已达82℃。

将锅底浸入冷水中,使奶油尽快冷却,过滤后倒入干净的容器内,再加入青柠檬皮屑,用保鲜膜包裹,放入冰箱冷藏3小时。

将奶油放入果汁机中,开动机器,当奶油冰淇淋做好,将其放入半圆形模具中,比费南雪蛋糕稍大,再包上锡纸。

将费南雪蛋糕裹上脆饼干碎,压实,用刮刀刮平滑,放入冰箱冷藏不少于3小时,或者冷藏一夜。

意大利蛋白夹心做法

在平底锅内加水,倒入细砂糖,加热,用厨用温度计来控制温度。将蛋白放入厨师机中,当糖浆温度达到118℃,将平底锅离火,以流线状将糖浆缓缓倒入蛋白中,并不停搅打,直至完全冷却。

装饰定型

将冰淇淋从半圆形模具中扣出,放在盘子上,浇上意大利蛋白夹心,用汤匙或刮刀的背部刮出漂亮的形状。用喷枪给蛋糕喷上蛋黄色,并撒上一些青柠檬皮屑,即可享用。

小贴士Tips

- 可提前一天制作冰淇淋,最后制作意大利蛋白夹心。
- 为了方便切割这道甜点,可先将刀刃浸在热水中,再切取。
- 厨师机搅拌时间的长短,取决于机器的功率,预计搅拌20~30分钟。如果你使用果汁机,需要将盛器预先放入冰箱冷藏至少12小时。
- 也可以使用从超市购买的冰淇淋,但在放入半圆形模具前,要让冰淇淋稍稍软化。
- 为了完成这道甜点,需要8~9枚鸡蛋,蛋黄用来制作冰淇淋,蛋白用来制作费南雪蛋糕和意大利蛋白夹心,因此绝无浪费。

☆☆

烤蛋白柠檬罗勒香料挞

Tarte au citron meringuée & infusée au basilic

工具

搅拌盆 + 厨师机 + 平底锅 + 电动打蛋器 + 擀面杖
+ 长方形挞派模具 + 刮刀
+ 裱花袋 + 标准裱花嘴 + 螺旋形裱花嘴 + 喷枪 + 厨用温度计 + 厨用填充物 + 烘焙纸

8人份

准备时间：1小时　烘焙时间：36分钟

冷冻时间：3小时

柠檬罗勒奶油配料

2片明胶片（4克），柠檬皮屑（2个柠檬），100克柠檬汁，200克细砂糖，4片罗勒叶，
200克鸡蛋（4个鸡蛋），160克黄油

甜味面团配料

140克软黄油，75克糖粉，柠檬皮屑（1个柠檬），1个鸡蛋，2克盐，
250克T55号面粉，25克杏仁粉

意大利蛋白夹心配料

150克细砂糖，35克水，60克蛋白（2个鸡蛋）

装饰配料

罗勒叶

烤蛋白柠檬罗勒香料挞

柠檬罗勒奶油做法

将明胶片放于冷水碗中浸泡10分钟。将柠檬皮屑放在平底锅中,加入柠檬汁、100克细砂糖和4片罗勒叶,缓缓加热。

用厨师机搅打鸡蛋和余下的100克细砂糖,当锅中液体沸腾,将其淋在混合物上,继续搅打,然后全部倒入平底锅中,慢慢加热并搅拌,直至混合物变稠。

将准备好的半成品倒入干净的搅拌盆中,加入沥干水分的明胶片,搅拌均匀之后冷却。当奶油变温,加入黄油和剩下的罗勒叶,用电动打蛋器进行搅拌。

将做好的奶油放入配有标准裱花嘴的裱花袋中,放入冰箱冷藏至少3小时。

甜味面团做法

在搅拌盆里将黄油、糖粉、柠檬皮屑进行搅拌,加入鸡蛋和盐,用刮刀轻轻搅拌,加入到先前的混合物里,继续搅拌直至形成奶油状且质地均匀,再加入面粉、杏仁粉,要避免过分揉面团。

将面团做成圆形,压扁,用保鲜膜包裹,放入冰箱冷藏不少于1小时。

挞底做法

将烤箱预热至180℃。在案板上撒适量面粉,用擀面杖将面团压平,达到2~3毫米厚度,然后压入涂了黄油的挞派模具里。用刮刀将面团取出,在模具内铺上烘焙纸,加入厨用填充物,放入烤箱烘焙15~20分钟。烤好后脱模,放在搁架上冷却。

意大利蛋白夹心做法

把细砂糖放入平底锅里,加水后加热,用温度计来控制温度。将蛋白放入厨师机的搅拌盆里,当糖浆温度达到110℃,开始搅拌蛋白直到呈白雪状,将功率开到最大。当糖浆温度达到118℃时,离火,将糖浆慢慢的以流线状倒入蛋白中,并不断地搅拌,直至完全冷却,将混合物放入配上螺旋形裱花嘴的裱花袋里。

装饰定型

在冷却的挞底上,将奶油挤成珠状;在挞底的另一半,流畅地挤上"之"字型的意大利蛋白夹心作为点缀。加上数片罗勒叶,并用喷枪添加几行棕色蛋白夹心。

基础设备及工具

甜点工具

厨师机及其配件

如果你要制作很多甜点,那么厨师机就是你最好的朋友。它多用于甜点制作过程中的前序工作,如揉面团,搅打稀奶油等。例如制作油酥面团,如果用双手直接搓揉,面团在与双手的直接接触中温度可达37℃,若使用厨师机,面团则不会发热,这样做出的甜点,纹理结构很完美。

厨师机十分高效,尤其是对于那些需要进行长时间揉捏的面团,如软面包、萨瓦兰蛋糕或维也纳蛋糕面团等。

叶片
可使面团搅拌均匀,并尽量较少地混入空气。最适宜制作挞派面团、加水或牛奶的鸡蛋面团、杏仁奶油等。

钩子
此工具适宜制作发酵面团。它能使面团质地均匀,并且比手工制作快得多。在开始揉面时,要选择低速档位,然后慢慢加速,使发酵面团的黏度逐渐增加。

搅拌器
用来搅打奶油、稀奶油、黄油奶油或将蛋白打发成雪白状。

搅拌盆和沙拉盆

在进行准备工作时,你需要不同尺寸的搅拌盆,你可能更喜欢不锈钢或玻璃材质的搅拌盆,因为它们坚固耐用。而沙拉盆与其相比,不同之处在于它形似母鸡下半身的圆形底部,我们可以用它将蛋白搅打成雪白状或是将奶油搅拌成搅打稀奶油,也可以用来隔水蒸。因为它的形状是半球形的,可使温度散发均匀,且不易粘连被搅拌物。

不同的刮刀

要混合、刮平、铲、覆盖淋面,刮刀这种工具是必不可少的。

平直的抹刀和弯曲的刮板
用它们将甜点的表面刮平、涂抹光滑,并且可以轻而易举地搬移蛋糕,不用担心蛋糕会掉下来。使用弯曲的刮板可以在圆形模具中刮平半成品,或很轻松地将热那亚杏仁果酱小蛋糕或巧克力放到盘子上。

硅胶刮刀
使用它调制半成品时,可以较少混入空气,也可以用来搅打蛋白或搅打稀奶油。可避免将半成品中的气泡打碎,因为它质地较软并且有一个凸起的直脊,可以避免刮到搅拌盆和沙拉盆壁,并且不会在盆中留下剩余的碎屑。

三角刮板
此工具特别适用于制作挞派的面团,或是制作松软的面团。我们用它把一个面团与另一个做挞派的面团揉在一起(这一动作包括用此工具将面团压碎,使黄油和其他调制品均匀混合)。此刮板也可将裱花袋中的材料推出,使之完美成型。

甜点工具

烘焙纸和硅胶垫

没有比这种情况更令人失望的——一个完美的蛋糕粘在了烤盘上！为了避免出现这一情况，请尽量使用烘焙纸和硅胶垫。

烘焙纸
用来烤制挞派、松软面团，以及在制作杏仁果酱小蛋糕时铺在平板上。

硅胶垫
烘焙杏仁瓦片蛋糕或焦糖装饰时就需要用到它，如果你要烘焙高温的或是黏性大的甜点，那么硅胶垫比烘焙纸更受欢迎。

小贴士
烘烤蛋糕时，我总会在模具内涂刷上融化的黄油，并铺上一层烘焙纸。黄油可使烘焙纸粘在模具的四周，不会翘起来，并且可轻而易举地脱模。

锡纸

主要用于制作巧克力，它的表面非常光滑，保证了巧克力的外表光亮。请保持它的清洁，且无潮湿痕迹，才能将其从模具中完整取出。

通常按不同标准将其包装成卷出售。锡纸是制作甜点时必不可少的工具。制作时通常将其放在甜点模具内，必要时用双面胶将其固定。在享用甜点时，你只需将它抽走，便可欣赏甜点的光滑外表。

模具

圆形的，正方形的，高的，矮的……模具的形状和尺寸非常多。我喜欢用金属材质的、白铁皮的或不锈钢模具，甚至是制作阿尔萨斯奶油蛋糕的陶土模具。但如果我需要特别形状（比如半圆形的）的模具，我会选用硅胶材质的。

制作挞派类甜点，我喜欢形状各异的模具。别选太高的模具，模具越高它上面留的面团就越多，这样制作出的装饰挞并不美观。为了方便脱模，可采用底部能拆卸的模具。

与此相反，有些甜点需要选用圆箍和较高的方框模具（起码需5厘米），为了方便，要重叠数层（蛋糕，慕丝，脆饼……），或需选用面积大的模具（20~24厘米，需根据食用人数的多少来定）。

如果制作夹层蛋糕，要选用高的模具，但其直径要相对小一些，15~18厘米就够了，因为蛋糕会变得很高。而切蛋糕时一般只切一小块，根本不需要切下一大块蛋糕。

厨用温度计

在制作甜点的过程中，有的需要加热，有的需要测量精确的温度，仅调整温度，就会使烧煮的糖的性质改变许多。在温度的作用下，糖会经历几个阶段（呈细丝状，小泡状，大泡状，焦糖等），因此，使用厨用温度计测量某一食品处于某种状态下的精确温度是必不可少的，特别是制作巧克力或者制作淋面时。

以鸡蛋为基础制作的甜点如意大利奶油夹心烤蛋白、黄油蛋白、英式奶油，都需要在制作过程中使用厨用温度计来不断测试温度。由于温度的作用，鸡蛋可使食物变黏稠，并给食物增加漂亮的纹理，因此要控制好温度。

裱花袋和裱花嘴

没有裱花嘴的裱花袋简直无法制作甜点。做装饰或制作马卡龙时，你都需要配有标准裱花嘴的裱花袋。学会使用不同裱花嘴的裱花袋是很快速的事，掌握了正确的频率，施以适当的压力并找到正确的位置，就能完成制作。

裱花嘴
有花纹的，标准形的，波浪形的，不锈钢的，塑料的……它有上千种形状和数不清的尺寸，供你挑选并帮助你实现你的愿望。

裱花袋
无论是一次性的（通常是塑料的）还是可反复使用的裱花袋，操作方法都是一样的。你要注意尽量别填充得太满，否则使用起来会感到困难。在使用裱花嘴时，用小刀围绕裱花嘴割开裱花袋，让裱花袋的另一头尽量宽一些。将裱花袋卷起，稍作装饰，用一把三角刮板把内存物压向裱花嘴。注意要去除空气：围绕着你的大拇指将裱花袋卷成螺旋形，为了更精准些，用左手压住右手做引导（注意：如果你是左撇子，则动作正好相反）。

制作巧克力的工具

巧克力梳
该工具为三角形，带有梳齿并且梳齿间有空隙，以便可以制作出长长的巧克力细薄长条，将其稍稍旋转角度即构成一个高级的装饰品。

大理石板
制作巧克力刨花片和装饰之用。或像甜点师一样，制作出压实的巧克力。甜点师为了让加热过的巧克力冷却，他们会将热巧克力倒在大理石板上，并细心地摊开，当然这要借助刮刀来完成。

甜点配料

制作甜点的配料

面粉

甜点制作所使用的面粉主要由小麦磨成,一旦去掉小麦外层的壳皮和胚芽,就成了很细的面粉。面粉的质量及其类别决定了甜点制作的成功与否。尤其是要经发酵而制作的甜点(松软面包、维也纳蛋糕、饼干、奶油萨瓦兰蛋糕等)。面粉按种类划分为T45号至T150号(T即类别),数字表示面粉的麸皮(糠)含量。

数字越小,说明面粉所含的麸皮越少,面粉颜色也就更白,加工的成份越高,所含的面筋更多。所以T45号面粉是面粉中颜色最白的,它所含的面筋也最多。

数字越大,说明面粉所含成份越全,表示小麦颗粒与它的壳皮(麸皮)一起磨,这类面粉的维生素和矿物质含量最多。通常颜色更深,因为含麸皮(糠)的成份多,含有的面筋也少。这类面粉很少用在甜点制作上,多数用来制作面包。甜点制作使用最多的是T45号和T55号这两种面粉。

几乎在所有的甜点制作中都会出现面粉,它起到食品定型剂的重要作用,主要依靠它的两种主要构成成份:面筋和淀粉。

面筋具有弹性,并且是面团的组成部分,特别是发酵面团。淀粉形成甜点的结构组织,特别是在加热,且和水结合后,它关系到奶油的制作。与奶油接触后,在温度作用下,面粉里的淀粉形成一种胶状的物质,奶油从而变稠。在将面粉加入制作甜点的最初混合物前,最好将它筛过一次。人们尽力调整面粉中面筋的弹性功能,以控制面团的弹性,以便能产生酵母释放出来的气体。为了达到这一效果,要长时间地揉搓面团。

其他淀粉

玉米淀粉、土豆淀粉用于在某些半成品中减少面粉的含量,如在甜点奶油中加入玉米淀粉后会令人感到清淡、光滑,与仅用面粉制作的效果不可同日而语。

说到甜点,自然会想到糖,或是多种多样的糖制品。在商场中人们能找到大量甜的商品,无论是奶油夹心蛋白,还是用于渗透朗姆蛋糕的糖浆和糕饼,还有用焦糖制作的各种甜点,总之,糖比比皆是。甚至在当今普遍倡导要减少糖的摄入量的趋势下,糖仍旧无处不在。

糖、蜂蜜、枫叶糖浆

白砂糖,细砂糖,黄糖,冰糖,粗红糖,赤砂糖,蜂蜜,枫叶糖浆……这些异国情调的糖及新研发的糖均能丰富我们爱吃的甜点,刺激我们的舌尖。从在甘蔗中提炼的糖,到从甘蔗汁中提炼后的剩余物中再提炼的姆斯柯瓦多粗红糖(muscovado),或是龙台兰糖浆,一切均有可能。

糖是一种味觉催化剂,并且它需要精确的份量。所以,优质的奶油夹心烤蛋白,它所需要的糖是蛋白重量的两倍。糖也是定形剂,加热至180℃后是制作意大利奶油夹心烤蛋白的温度,若再过度加热,它就会转化为焦糖。提醒一句,许多食谱中都提到要放1小撮盐（如制作挞派面团、松软面包面团、奶油泡芙、蛋糕等），这便是为了用来平衡甜味。

转化糖浆

主要用于制作巧克力淋面和冰淇淋，可使这些食物更松软可口，或使之变干硬或结晶。

葡萄糖

将葡萄糖加热至某一温度，可以做成焦糖的点缀。将其加入到牛轧糖的成份中，它会阻止糖结晶，并以透明且有黏性的"凝胶"状态出现。弄湿双手，直接用手指拿取。

甜点溶化剂

主要用于闪电泡芙(Eclair)、奶油泡芙(choux)、千层糕的淋面。可以在市场上购买。使用时将刮刀加热至34~35℃再拿取。它呈白色面团状，可以用糖浆和少许水将其冲淡，使其更有韧性。可以变换颜色，以配合甜点的香味。

益寿糖（Isomalt）

这种白色粉末是蛋糕的最佳搭档，它具有焦糖所有的特性。它是透明的，融化后可以染上任何你喜欢的颜色。

酵母

制作面包的酵母

它是制作发酵面团必不可少的配料：面包、松软面包、朗姆蛋糕、维也纳蛋糕……我们可通过不同形式来找到它——干酵母可在超市中买到，而在面包店里它以新鲜的形式出现。我最喜欢在面包师手中出现的天然酵母，因为用它们制作的面团最有风味。这些酵母释放出碳酸气，保证了面团的发酵。这些含有气体的泡泡，被锁进谷蛋白的网状系统中，通过揉捏而令面包发酵。发酵的过程需要精准的条件，周围的环境要潮湿温和。所以，一种酵母要达到最高的效率其周围温度应为28℃。超过50℃的话，酵母就会失效。

天然酵母是有生命的物质，也是脆弱的。新鲜天然酵母应存放在冰箱里，并放置在密封盒内。特别要提醒的是，千万别让天然酵母与盐或糖这些物质接触，会令天然酵母死去，或者使它们的活力降低。一般来说，1千克面粉需使用40克天然酵母。

化学酵母

化学酵母是没有生命的，它只是一种物质的混合物，它含有水，在热的作用下，有碳酸气体逸出。可用它来制作英式蛋糕，普通蛋糕，玛德琳小蛋糕……

要特别小心化学酵母的重量，为避免破坏口味和面团的发酵，一定要在最后步骤时放入化学酵母，最好与面粉的混合面团揉在一起，并马上放入烤箱中。

鸡蛋

几乎没有甜点食谱中会缺少鸡蛋。鸡蛋有许多不同的加工方法，它成为了令甜点有多种变化的调制品。蛋黄的主要成份是油脂，而蛋白的主要成分是蛋白质。

在甜点制作过程中，通常的做法是要称量份量的。实际上，鸡蛋的大小和蛋黄或蛋白的重量有很大的差别，某些鸡蛋重量仅50克，而其他鸡蛋则可达75克。一般来说，人们通常会认为一个鸡蛋重50克，则蛋黄重20克，蛋白重30克。但我建议你还是去称量一下，保证制作成功。

鸡蛋是一种定型剂，因为它具有凝固性。请注意，蛋黄和蛋白凝固的温度是不同的，所以制作英式奶油时温度绝对不应超过82℃（此为蛋黄凝固的温度），否则就变成了炒蛋！若添加了118℃的糖浆，蛋白会转化成一种发亮且多气孔的物质，这就是意大利奶油夹心烤蛋白。

当你加工半成品时，成功与否取决于鸡蛋的质量。把鸡蛋保存在一个温度稳定的地方（温度的变化对鸡蛋是极为不利的），但切勿放置于冰箱内，宁可放于常温下。

对于一部分甜点的制作（比如马卡龙），你需要老的蛋白：先将蛋白与蛋黄分离，将蛋白放在一个密封盒里，放入冰箱，你也可以将其速冻。

奶油，黄油与其他乳制品

牛奶

一般来说，我常使用全脂牛奶，它比半脱脂牛奶更丰富，更鲜美。

牛奶主要用来制作奶油（英式奶油，甜点专用奶油等）。通常，我们会用乳牛的奶，也可能用山羊奶来代替，甚至用植物"奶"（杏仁、黄豆、燕麦等）。

液态奶油

液态奶油比牛奶更丰富，更黏稠，是制作甜点时一个无法绕过的品种。

请一定要选用全脂牛奶，可能的话需要含30%脂肪（甚至超过）。它主要用于制作搅打稀奶油，并且要注意对液态奶油别搅拌太多，否则有可能转化为黄油。

新鲜奶油

为了不与液态奶油混淆，新鲜奶油是一种发酵的奶油，比液态奶油更酸。它是用小陶罐盛装的，而且是瓶装的。如果对它进行搅拌，它也不会变成搅打稀奶油。

黄油

它为甜点带来纹理、口味和松软的感觉，有半甜味、半咸味或咸味，它的脂肪含量高达82%，其余则是水、乳糖、蛋白质和多种维生素。

按照配方中的提示，我们要使用冷黄油，软的或油膏状的黄油（用铲刀使其变软），这些提示非常重要，因为不同的黄油性能有差别。

为了增强它的香味，我们可以制作一种榛子色黄油：将黄油放在平底锅里加热，直至其变为褐色，并带有榛子口味，此味道来自于乳糖和蛋白质进行焦化所产生。

为了制作油酥面团，我们常用一种"干"黄油，它含有84%的脂肪成分。它有助于完成油酥面团的转化过程，并有利于在烘焙过程中产生层状酥皮。

干酪奶油

我对费城干酪（Philelphia）情有独钟，是因为它的口味，也因为在制作淋面时，它能提供美丽的纹理。与膏状黄油混合，加入细砂糖，使其具有香味或漂亮的颜色，使它成为高级蛋糕和杯子蛋糕的淋面配料。

马斯卡彭奶酪

这是意大利烹饪中必不可少的原料，也是甜点的最珍贵搭档。除了用于制作提拉米苏、芝士蛋糕以外，还可用作液状奶油的完全补充品，用来完成搅打稀奶油。由于它富含脂肪，并且质地厚实，它给甜点带来坚实的纹理，并且能长期保存。

甜点配料

巧克力和可可

巧克力

人们常说：十个人中有九个人喜欢巧克力，而第十个说不喜欢的人则是在说谎。巧克力有各种类型，有入口即化的，有吃起来发出脆声的，有黑色的，有加牛奶的，有白色的，有各式各样的口味。可是很少有人知道从可可树上的可可豆变成我们尝到的小块巧克力所经历的漫长过程。可可豆往往在遥远的地方成长，然后发酵，晾干。经过烘焙，令其香味散发，就如同咖啡豆的烘焙一样，然后再磨碎，直至得到很细的粉末，再加入糖、牛奶或其他香料，这样巧克力就大功告成，其味道温和可口，然后压模成不同形状（小块或金币形等）。

巧克力是制作蛋糕的基本调味料，又是作为点缀、装饰的基本元素。在甜点制作中，请尽量用专业的巧克力，它具有极好的纹理结构和浓郁的香味，这种巧克力通常在香料店或网上以金币形式出售。

可可

用来装饰甜点，或是为甜点中加重可可的味道。请尽量使用苦味的可可粉，并且是不加糖的或不加入太多的糖，这样才能得到非常地道的巧克力味道。可可一般在大型超市均可买到。

敲碎的可可

这是专门用敲击的方法将可可豆击碎而非焙炒的工序，这样可以保持它的原有香味。请小心翼翼地使用。它带来松脆的口感，特别是将它撒在蛋糕、冰淇淋或饼干上时。

水果

新鲜水果

从味觉的角度，我不知道该给出什么建议，不过请尽量使用时令水果来完成你的甜点。在夏天，你可以从草莓、桃子、樱桃中得到灵感去创作你的甜点；在秋天，尽量用苹果、梨子和李子等；在冬天，多用橙子、柠檬、橘子和其他柑橘类水果。

你也可以速冻一些水果，以便全年均可使用。

水果泥

水果泥极为实用，百香果、黑加仑、椰子果泥……在一些专卖店里有售，或是在网上购买，它们是制作甜点的最佳搭挡，也为我们节省了时间。最好选用未加糖的水果泥。购买的成品水果泥一旦打开后要尽快用完，当然你也可以将它放入冰箱里速冻，以备不时之需。

干果

小核桃、杏仁、开心果、山核桃……将它们搅打成粉，这些干果将成为多款基础甜点的组成部分（杏仁酱，达克斯奶油等），是供你选用的配料，用于创意新甜点。

调味香料

对于香料，每个人各有所爱。就我个人而言，我最爱香草。你会在本书的许多配方中找到它的痕迹。这里介绍几种制作甜点的主要香料。

香草

带甜味又富有水果香，香草的香味是人见人爱的。在挑选时，要选用多皮和软的果实，这表示它包含了较多的籽。将其一切为二，用刀背取出香草籽，不要将掏空的香草荚丢弃，可以将它添加到甜点液体制作中（比如在制作甜点奶油时）。你也可以将它放在一个放入糖的大瓶中，几个星期后，你便得到了天然的香草糖。

香料

桂皮、小豆蔻，茴香，还有姜……为了使其味道充分发挥，请取用完整的香料或是新鲜的食材，并要你自己动手加工将之弄碎为佳。至于在超市出售的香料粉，气味不够浓烈，并且香气也不够。

香草

罗勒，马鞭草，迷迭香，百里香……这些香草并不是用来煮菜的，它们专门与水果和巧克力配合。你可以直接使用它们，也可以将其混入糖浆或奶油中。有些搭配已经被证明：杏子配迷迭香、草莓配罗勒、柠檬配龙蒿等。要敢于去尝试，探索新的口味。

橙花水

我很喜欢用橙花水，精细、可爱，用来给奶油及甜面包添加香味。但要注意，别让这种香味将其他的香味遮盖了。

调色剂

这是给甜点增加活力的必不可少的物质，调色剂以不同形式出现。

粉状调色剂

在一些专卖店或网上均能买到。它们非常强劲，在使用时要极为小心谨慎。通常只需餐刀的刀尖那么一丁点儿用量，就足以给你的一大块甜点染上新的颜色。它们在含水的液体里比在脂肪中溶解更快，因此尽量将其加入含水量丰富的甜点中（蛋白、牛奶）。有多种颜色任你挑选，钛白色、紫色、绿色、玫瑰色等，应有尽有。

液体状调色剂

我们可以在大型超市里买到（通常以三种颜色为主——黄色、红色和蓝色），将这些颜色混合，你便可得到很漂亮的颜色丰富的调色板。它们可以对液体甚至脂肪进行染色，比粉状调色剂力度稍逊，所以有时在数量上要多放一些。但要小心，别添加得太多，以免甜点质地太稀。

黏胶状调色剂

我们可以在专卖店中购买，通常有很多系列产品，以锡管形式包装。这类调色剂的好处是立即生效，对甜点的纹理结构无丝毫影响。

挞派面团

一个好吃的挞，其制作关键主要在于面团，挞要香脆并且入口即化，还不能遮盖配料的味道。面团种类的选择是首要任务，黄油和成层状的面团给人轻快的感觉；甜面团精巧，入口即化；油酥面团特别是布列塔尼油酥面团很轻脆，咬起来的口感是妙不可言的！由您自己选择吧！

建议

将鸡蛋与盐混合是很有益的。鸡蛋与盐放在一起会融合，并且相互溶解。你可以提前一天制作面团，放入冰箱冷藏2天或冷冻1个月。

你也可以使用电动打蛋器来制作面团。

面团很容易被扯碎，要在一个清凉的环境里操作，如果你感到面团太软，请勿迟疑，将其摊平后尽快放入冰箱。

油酥面团

205克T55号面粉，125克冷冻并切成丁状的黄油，100克细砂糖，2克盐，1个鸡蛋

在搅拌盆里将面粉、黄油混合，用掌心揉和直至形成油酥面团。在面团中央挖个坑，将鸡蛋和盐轻轻搅打，然后将混合物倒入坑中，迅速混合。将面团放在案板上揉搓，或用切面团的刀或掌心用力将其压平。将没融化的黄油粒清除掉，这样你便得到一个质地更均匀的面团。

将面团揉成圆球，轻轻压平，用保鲜膜包好放入冰箱冷藏至少2小时。取出后揉成你所希望的形状，再稍撒一些面粉。

应用： 挞底，油酥饼干

挞派面团

甜味面团

140克软黄油，75克糖粉，1个鸡蛋，2克盐，
250克T55号面粉，25克杏仁粉

在搅拌盆内将软黄油和细砂糖搅拌。将盐加入鸡蛋中，用叉子轻轻搅打，再加入之前的混合物中，继续搅拌直至混合物产生泡沫并分布均匀。加入面粉和杏仁粉，无须太多搅拌。

将面团搓成一个圆球，压扁，用保鲜膜包裹好放入冰箱冷藏至少1小时以上。在案板上撒上薄薄的面粉，将面饼做成你想要的形式。

应用：巧克力挞，柠檬挞

建议

- 使用在常温下保存的鸡蛋。如果鸡蛋温度太低的话，会使黄油结冻，给面团造成难看的纹理。若要给黄油解冻，需放入搅拌盆，用隔水蒸的方法使之液化。

- 最后加入面粉，尽量少作加工，避免面粉中的谷蛋白（面筋）过分增多而太有弹性。如果太有弹性的话，面团会在烘烤时收缩，而使内馅溢出。所以请别在面团上多加工，尽量少揉面团，并且要严格遵守时间。

- 你也可以用榛子粉或开心果仁粉来代替杏仁粉。

- 你也可以用香草籽、橙皮或柠檬皮来增加香味。

- 如果你觉得面团太软，需尽快放入冰箱。

- 你可以提前一天制作面团，放入冰箱冷藏2天或冷冻1个月。

可可甜面团

100克软黄油，80克糖粉，20克苦味可可粉，
1个鸡蛋，2克盐，100克T55号面粉

先将软黄油、糖粉和苦味可可粉进行混合。将鸡蛋和盐混合在一起，用叉子轻轻搅打，再加入之前的混合物中，继续搅拌直至混合物产生泡沫并分布均匀，加入面粉，但不要过分搅拌，将其搓成一个球形，压扁，用保鲜膜包裹好放入冰箱冷藏不少于1小时。在案板上撒上薄薄的面粉，将面团用擀面杖擀成你想要的形状。

布列塔尼甜味面团

4个蛋黄，170克糖粉，190克软咸黄油，1根香草荚，
250克面粉，1小袋化学酵母（11克）

搅打蛋黄与糖粉，直至混合物变白为止。加入软咸黄油和从香草荚中取出的籽，搅匀。用刮刀加入面粉和过筛后的酵母。

将面团揉成圆球状，压扁，用保鲜膜包裹好放入冰箱冷藏最少1小时以上。取出后摊在两张烘焙纸之间，令其厚度约为0.5厘米。

将上面的烘焙纸抽走，用挞派模具压切下去，将多余的面团去掉，将挞派面团连同模具一起烘烤。

应用：挞底，饼干

建议

此种面团中含有黄油，所以质地很软，在摊平后要放在两张烘焙纸中间，以方便完成其他操作。因为加了化学酵母，所以在烘烤时面团会膨胀。使用圆箍或模具时，请尽量选择高一点的，以防止面团受热膨胀溢出模具。你也可以加入1小撮盐。

千层酥面团

· 制作外层面团：

400克T55号面粉，200毫升冷水，50克融化的黄油，10克盐

· 制作片状黄油（beurre de tourage）：

250~300克干黄油（含84%脂肪）

· 制作外层面团，将面粉放入搅拌盆中，中间挖个小坑，将冷水和盐注入坑中，一点点地拌揉，使之均匀。将面团做成圆球，压扁，擀成长方形。用保鲜膜包裹好放入冰箱冷藏1小时。

· 制作片状黄油，将黄油放在两张烘焙纸中间，用擀面杖紧压使之变软，成为一个厚0.5厘米的方块，放入冰箱冷藏。

制作千层酥面团。将外层面团从冰箱中取出，在撒好一层面粉的案板上，将面团摊成长方形，长度是宽度的2倍。将片状黄油置于面团中央，将面团从四周卷压，面团的厚度要一致，注意要让边缘相接处融合无缝。

再将面团向两侧延伸，直至长度是宽度的3倍。进行第一轮制作，将面团旋转1/4圈，使开口处向右，紧压擀面杖，使四边融合完整，然后再将长度延伸，完成第二轮制作。用保鲜膜包裹好面团，放入冰箱冷藏30分钟。

重复第三轮和第四轮工序，再放入冰箱冷藏20分钟，再以同样的方法进行第五轮和第六轮工序，放入冰箱冷藏20分钟，最后摊平面团，厚度要达到2厘米。

应用： 千层酥挞底，油酥饼。

建议

要将多余的面粉清理干净，否则烘烤时面团会变形。面粉太多会使外层面团做成的一层层面皮之间不会相互黏合，难以制成千层酥。

我喜欢用含82%脂肪的黄油来制作千层酥，这种黄油含水量要低于传统的黄油（含82%的脂肪），是令千层酥口感脆裂的保证。

面团的成功是要保证外层面团与片状黄油在同一温度下。假如你在一个较热的环境下制作，你感到黄油正要开始融化，请马上把面团放入冰箱冷藏，然后再继续操作。

做一个可可千层酥面团，可用40克的苦味可可粉代替25克面粉。为了增加可可味，可添加20~25克的可可粉到片状黄油中。因此要用膏状黄油与可可一起做成方块，用保鲜膜包裹好放入冰箱冷藏直至变成硬块（需2小时）。

（加水或牛奶的）鸡蛋松软面团

使用这道配方，无论是巧克力闪电泡芙还是双球形奶油蛋糕，均让你抵挡不住它的美味。加水或牛奶的鸡蛋松软面团是一种配料，它有一定的技术性和无穷无尽的花样变化。

建议

只用水或只用牛奶来制作均可，用牛奶制作的甜点更松软可口。

在面团里加糖是没必要的，因为在烘焙时，会使甜点变得过于焦黄。

有一个简单的窍门来探试你放入的鸡蛋数量是否合适。用刮刀取出一点面团，它会形成如鸟嘴的尖状，若在下端仍有黏性，表明它的黏稠度合乎要求；相反的话，你可以再多加鸡蛋。

为了使泡芙更规范，在烘烤时间已达四分之三时，可将烤箱门打开，让水蒸气逸出并散发。

为了使泡芙更完美且更香脆可口，在放入烤箱前，可在上面放一块脆饼干，然后再进行烘烤。

鸡蛋松软面团

125毫升水，少许盐，90克黄油，122克T55号面粉，210克鸡蛋（4~5个），1个鸡蛋作涂酱用（随意）

将烤箱预热至170℃。在平底锅里将水、牛奶、盐和黄油一起加热。当黄油完全融化且液体开始沸腾时，一次性将面粉倒入，用刮刀大力搅拌。随后把火力降低，继续搅拌直至面团成一球状并黏于锅壁时，会在锅底留下一层胶质。将面团放入一个沙拉盘中冷却。

在面团中逐个加入鸡蛋，耐心等候第一个鸡蛋完全融入后，再放入第二个，鸡蛋的数量可以随机应变（根据面粉的湿度，面团的干燥程度，或其他因素……），面团应是非常光滑、明亮、均匀的。

将鸡蛋面团放入配有无花纹裱花嘴的裱花袋中，在铺有烘焙纸的烤盘上挤出你所需要的形状，如有需要可刷一层鸡蛋液，再放入烤箱中烘烤30~45分钟（需根据饼的大小而定）。

应用： 奶油泡芙、双球形奶油蛋糕、闪电泡芙。

饼干

在法式甜点领域，饼干（biscuits）通常是指在主菜和水果之间的甜点或是水果奶油，它几乎与下午茶时我们吃的脆饼干扯不上关系。一部分饼干应该是软的（达克斯蛋糕、蒙娜丽莎饼，热那亚杏仁果酱小蛋糕），当然也有一部分是稍许有些脆的，如手指饼干。

法式杏仁海绵蛋糕（乔孔达joconde蛋糕）

20克黄油（随意），120克蛋白（4个鸡蛋），25克细砂糖，4个鸡蛋，150克杏仁粉，150克糖粉，40克面粉

将烤箱预热至200℃。融化黄油，将蛋白打发成雪花状泡沫，加入细砂糖继续搅打，直至其更厚实。大力地搅拌鸡蛋与杏仁粉、糖粉，直至混合物变白并膨胀至两倍的体积，加入已融化并再度冷却的黄油，小心翼翼地将奶油蛋白混合物拌匀，用刮刀将面团排列成统一规格后放在铺了烘焙纸的烤盘上，放入烤箱烘烤6~8分钟。

应用：可用于卷形蛋糕的底座。从烤箱中取出后，将饼翻过来，放在稍湿润的抹布上，去掉烘焙纸，然后将它卷成卷。

建议

加入黄油是随机的，可使饼的质地更柔软。

未用完的蛋黄可用来制作英式奶油或其他甜点，将它用保鲜膜包裹密实，避免变干。

达克瓦兹（dacquoise）面团

90克糖粉，80克榛子粉，20克T55号面粉，125克蛋白，25克细砂糖

将烤箱预热至180℃。将糖粉、榛子粉和面粉混合在一起过筛，搅打蛋白，当它开始出现泡沫时，加入细砂糖，继续搅打直至成为结实的奶油夹心蛋白。倒入过筛的混合物，用刮刀小心地混合均匀。将达克斯面团用没有花纹的擀面杖或用刮刀将面团摊在烤盘上再覆盖上烘焙纸，放入烤箱烘烤12~15分钟。

应用：用于制作主菜与水果之间的甜点。

建议

将干的食材全部过筛，使它们很容易混入达克斯面团内，你可以用杏仁粉代替榛子粉。

有一种清除面筋的做法：用玉米淀粉或土豆淀粉来代替面粉。

如果你使用裱花袋来做饼干，要尽量挑选一个没有花纹的并且相当宽的套嘴，以免破坏蛋白。

烘烤完成后，将饼取出放在搁架上降温，并将它放在案板上。把饼翻过来，小心翼翼地除去烘焙纸，假如你不马上食用，可用保鲜膜将其包裹起来，避免变干。

基础海绵饼底

125克T55号面粉，200克鸡蛋（4个），
125克细砂糖

将烤箱预热至180℃。将面粉过筛，用力搅打隔水蒸的鸡蛋和细砂糖，直至此混合物体积膨胀两倍且温度达到45℃。

将搅拌盆移火，继续用叉子搅拌混合物，当你高举一块面团，它应该会形成连续下降的带状，这就证明混合物调制得很好。将筛过的面粉撒入，并用刮刀小心翼翼地调和，使之均匀。将一个圆形模具的内部涂上黄油和面粉，倒入面团，或将面团置于烤盘上，铺上烘焙纸（用刮刀或用无花纹裱花嘴的裱花袋挤出）。将其放入烤箱烘烤15~20分钟。对于那些放在案板上的薄一些的饼，只需烘烤8~10分钟。出炉后放在搁架上冷却。

应用：用黄油和奶油做装饰的夹层蛋糕，巧克力淋面或以果酱做底的甜点，卷形蛋糕。

建议

· 要特别注意隔水蒸的温度，若超过45℃，鸡蛋就有凝固的可能，它可能会变成蒸蛋。

· 为了避免结块需要将面粉仔细过筛。

· 在加入面粉时，不要过分地搅拌，否则不宜成功。

· 一旦面团准备好，要尽快送入烤箱。

· 要制作可可海绵蛋糕，需用同样数量的苦可可粉代替同样数量的面粉。

· 这是一种基础饼底，它没有特别的香味。你可以将它浸入香味，如在酒中加入柑橘皮或香草籽、橙花。

手指饼干

100克面粉，120克蛋白（4个鸡蛋），
100克细砂糖，80克蛋黄（4个鸡蛋），
30克糖粉（用于最后定型）

将面粉过筛，搅打蛋白直至呈雪花状泡沫。分多次加入细砂糖，继续搅打直至呈现坚实的奶油蛋白。

搅打蛋黄成液体状，均匀地倒入奶油蛋白中，调制均匀后，再小心地用刮刀将面粉加入。

将面团放入配有无花纹裱花嘴的裱花袋中，在烤盘上挤出长条形饼干，盖上烘焙纸。用筛网在饼干的表面撒上薄薄一层糖粉，待5分钟再重复这一动作。

放入烤箱烘烤10分钟，取出后从饼干上除去烘焙纸，放在搁架上冷却。

应用：水果奶油布丁，餐后甜点。

建议

· 在制作面团时使用铲刀要非常小心，不要弄碎蛋白。若搅打过度，会出现液化现象，妨碍面团膨胀。

· 在烤盘上挤出饼干时要留出较多空间，因为在烘烤时，饼干会膨胀。

· 将糖粉透过筛网撒在饼干上，是放入烤箱前的步骤，可以在烘烤时在饼干的表面生成酥脆外壳，入口即化，而饼干内部仍是软的。

奶油夹心烤蛋白

法式的，意大利式的或瑞士的……每一种奶油夹心烤蛋白都有其用途，且各有千秋，有时它酥脆爽口，有时入口即化。奶油夹心烤蛋白是制作甜点必不可少的配料。

法式奶油夹心烤蛋白

120克蛋白（4个鸡蛋），200~250克细砂糖

最好使用厨师机打发蛋白。将蛋白打发至发泡后，缓缓加入细砂糖，继续打发，直至泡沫坚固且发亮。需立即使用。

应用：奶油烤蛋白，蛋白酥，饼干。

建议

在室温下使用蛋白。

我更喜欢使用存放在冰箱中几日的"老"鸡蛋，这样更易进行加工。

小心不要过于搅拌蛋白，因为这样可能会危及到蛋白脆饼的材质，使蛋白变成颗粒状。

您可以将糖粉替代细砂糖。在这种情况下，先用细砂糖搅拌，再加入另一半的糖粉搅拌，搅拌的同时将厨师机的功率逐步降低。

奶油夹心烤蛋白

意大利式奶油烤蛋白

250克细砂糖，70克水，120克蛋白（4个鸡蛋）

把细砂糖放入平底锅中，加水后加热，用厨用温度计控制温度。将蛋白放入厨师机的搅拌盆内，当糖水达到110℃时启动厨师机，将蛋白打成雪白状，并且要将功率调至最大。当糖水温度达到118℃时，将平底锅离火，将糖水以流线状缓缓倒入蛋白中，继续搅打直至完全冷却。

应用： 奶油蛋白制作的挞，马卡龙，餐后点心的覆盖装饰，冰淇淋等。这种奶油蛋白也是希布斯特奶油的一部份（见277页）。

建议

· 有些"老"的鸡蛋（见法式奶油夹心烤蛋白）更易进行加工。

· 当你在煮糖浆时，要准备一把刷子和一碗水，用来清洗平底锅。如果糖的碎粒粘在锅壁，糖会被烧焦，从而破坏糖浆和焦糖的质量。

· 要严格地监控糖浆的温度，因为温度会随时快速飙升。注意最低温度118℃，最高温度121℃。

· 把糖浆倒入蛋白中时，要降低厨师机的速度，避免烫手的糖浆喷溅出来。尽量不要将糖浆直接倒在搅拌器上，而是慢慢滴在容器壁上。

等意式奶油蛋白冷却，需马上使用。你也可以用喷枪吹烤它或是将它放入烤箱中，温度为250℃。

瑞士奶油蛋白

125克蛋白（4个鸡蛋），125克细砂糖，125克糖粉

将蛋白和细砂糖放入搅拌盆里，用隔水蒸法加热，并不停地搅打，直至混合物膨胀且坚实，温度不能超过45~50℃。移火，继续搅打至完全冷却，用刮刀将已过筛的糖粉加入已冷却的混合物中，并立即使用。

应用： 完成小件的装饰。瑞士奶油蛋白的用法与法式奶油夹心烤蛋白相似，但它更不易碎。

建议

严格监控温度，别让鸡蛋凝固。

基础奶油和淋面

没有这些材料，装饰、淋面、点缀……是绝对做不到的。这些基础配方，会为你喜爱的甜点增添香味。

搅打稀奶油

冰冷的400毫升全脂液体奶油，1根香草荚，40克糖粉

将搅拌盆及手动打蛋器放入冰箱冷藏10分钟，然后开始加工奶油。

将奶油倒入搅拌盆中，加入从香草荚里取出的籽，轻缓地搅拌，渐渐加速，等到奶油膨胀且粘住打蛋器，均匀撒入糖粉，继续搅拌直至搅打稀奶油在打蛋器前端形成三角形，特别是当我们把搅拌盆倒翻过来看到它黏在搅拌盆上时。请立即用此奶油加工或放入冰箱。

应用：制作多种奶油（外交官蛋糕式，巴伐利亚式），奶油装饰，蛋糕装饰，也可以将此奶油作为甜点的配料一起享用。

建议

· 为了使奶油可以保持得更好，你可以将40克液体奶油换成60克马斯卡彭奶酪。这时，要充分调理好奶酪，然后再开始制作搅打稀奶油。

· 一定要用全脂液体奶油，脂肪含量至少要达到30%，这一点非常重要。依靠这些脂肪，蛋白才会膨胀，打发出泡沫，并可以长久保持。

· 为了使奶油更易于搅拌，你可以将搅拌盆放入一个填满小冰块的沙拉盆里。

· 搅打稀奶油也可用虹吸瓶来完成：把所有配料混合，过滤后倒入虹吸瓶，再加入一小罐或两小罐气体，将之放在清凉处，在使用前令其头部朝下。

· 如果你不马上使用搅打稀奶油，它会呈现萎缩状态，只需再多搅拌几下就可以了。

基础奶油和淋面

黄油奶油

50克水，120克细砂糖，50克蛋白（2个鸡蛋），180克软黄油

将水与细砂糖放入平底锅中加热，用厨用温度计来监测温度，将蛋白放入厨师机的搅拌盆里，当糖水温度达到110℃时，开始用力搅拌蛋白，当糖水温度达到120℃时，停止加热，将糖水倒在发泡的蛋白上。

继续搅拌，直至混合物恢复常温，奶油蛋白应是光滑且发亮的。不断地搅拌，一点点加入软黄油，奶油会变得厚实，充满泡沫及多孔。

应用：蛋糕，餐后甜点，奶油甜点的装饰，圣诞树根蛋糕，夹心蛋糕和杯子蛋糕。

建议

· 添加香味及颜色，均可按你的需要进行。注意一定要放在最后完工前进行，以便把握分量，并令分量更准确，因为黄油奶油是脂肪丰富的配料，染色料一定要用脂溶性的（可以是膏状或液状的）。

· 向厨师机中倒入糖水时，不要直接倒在搅拌机上，容易喷溅，要尽量避免。

· 如果奶油呈现"片状"（脂肪与水分开），有可能是在加入黄油时温度太低。遇此情形可用喷枪缓缓地加热厨师机搅拌盆的四壁，并继续搅拌。

· 在使用前将奶油放入冰箱冷藏15分钟，使之稍许变硬。如果你有很多时间来做准备，就让它恢复常温，并重新开始搅拌。

· 黄油奶油可以用完整的鸡蛋或英国奶油为基础……这道以意式奶油蛋白为基础的食谱，其特点是清淡可口。

英式奶油

500毫升牛奶，1根香草荚，4个蛋黄，80克细砂糖

将牛奶倒入平底锅中，加入香草荚中的籽，并将香草荚一切为二，放入锅中一起煮。在搅拌盆里将蛋黄和细砂糖一起打发至变白。当牛奶沸腾后，将香草荚取出，倒入先前的混合物内，并不停搅打。将混合物倒入平底锅并缓缓加热，且不停地用刮刀搅动，同时用温度计测量温度，当奶油能很好地粘住刮刀，则证明已做好了，此时温度应达到82℃。将平底锅浸入冷水中迅速冷却。过滤后，将奶油放入干净的搅拌盆内，用保鲜膜把它包起来，以防与空气接触，放入冰箱冷藏2小时以上。

应用：漂浮岛，某些蛋糕的配料（比如巧克力蛋糕，冰淇淋）。

建议

在没有温度计的情况下，也可以测试奶油是否已制成。你可以用刮刀来做试验，将刮刀浸入奶油里，然后把手指放到中间，如果奶油没有将你抹过的地方重新盖住，则说明奶油制作成功了。制作奶油时，注意温度别超过82℃，若在这个温度鸡蛋会结成硬块。

如果你看到有小细粒凝结在平底锅底，这很可能是鸡蛋结块了。把奶油倒入搅拌盆，再放入几块小冰块，并用厨师机进行搅拌，这样可以得到轻微煮过头的英式奶油。

想给奶油添加香味，你可以加少许咖啡粉或开心果酱。

基础奶油和淋面

杏仁奶油

100克软黄油，100克细砂糖，100克杏仁粉，100克鸡蛋（2个），1汤匙面粉（随意），1汤匙朗姆酒（随意），1根香草荚（随意）

用刮刀或厨师机对软黄油和细砂糖进行打发。加入杏仁粉，调和均匀。再加入鸡蛋，或随意加入面粉、朗姆酒和香草籽。

应用：挞的装饰，制作杏仁蛋糕。

建议

不要用手动打蛋器制作杏仁奶油，会带入很多空气，奶油会膨胀，并在烘焙时溢出来。

加入面粉是随意的，它可以使奶油更厚实。

将奶油存放于密封容器内，在冰箱中可以保存2~3日。

甜点奶油

50毫升牛奶，1根香草荚，80克蛋黄（约4个鸡蛋），100克细砂糖，50克玉米淀粉，30~50克黄油（随意）

把牛奶和香草籽、一切为二的香草荚放在一起加温。

在搅拌盆内搅打蛋黄、细砂糖和玉米淀粉。当牛奶沸腾，把香草荚取出，将之前的混合物缓缓倒入并不断搅拌，再将混合物倒回平底锅，缓缓加热同时搅拌，等到混合物沸腾及变稠，再加热1~2分钟。

加入黄油，并将做好的奶油置于案板上，用保鲜膜包裹严，直到其冷却至常温，放入冰箱备用。在使用前搅拌奶油使其更光滑。

应用：千层糕，奶油的装饰，（内含搅打稀奶油+甜点奶油，馅外涂糖霜的）糕点，双球形奶油蛋糕，以及所有由甜点奶油衍生出来的奶油制品。

建议

· 你可以用面粉替代玉米淀粉，但会令甜点奶油显得油腻且不够光滑。

· 有必要将奶油煮沸几分钟，使玉米淀粉或面粉中的淀粉赋予奶油纹理。

· 添加黄油可有可无，但它会令奶油更增加奶质的纹理。

· 请用保鲜膜包裹住奶油，使其与外界隔绝，可避免表面形成硬壳。

· 放入冰箱可以保存2~3日。

· 按你喜欢的口味添加香料。对于制作咖啡奶油，在加热结束前，加入20克冻干咖啡或10克浓缩咖啡；制作开心果奶油，添加30~50克开心果酱到牛奶中。

基础奶油和淋面

蜜饯布丁奶油

5片明胶片（10克），甜点奶油（见P276页），40克水，120克蛋白（4个鸡蛋）

将明胶片放入冷水碗内浸泡10分钟。完成甜点奶油的制作（见276页）。将沥干水分的明胶片放入甜点奶油中，让奶油保持一定的热度。让它在常温下冷却，并用保鲜膜包好，与外界隔绝。

在液状奶油中加入细砂糖，并不断搅拌，制作成搅打稀奶油。同时，搅拌甜点奶油，使它更光滑。将三分之一的搅打稀奶油用刮刀加入甜点奶油中，搅拌均匀，再将其余部分都加入。制作好后需要马上使用。

应用：奶油装饰，各类餐后甜点。

建议

明胶片具有胶化作用，请遵守它的还原水化的时间。若你没有让它充分还原水化，奶油就不会那么厚实。

因为加入了搅打稀奶油，蜜饯布丁奶油才比甜点奶油更有清淡的口感。

希布斯特奶油
(crème chiboust)

4片明胶片（8克），甜点奶油（见P276页），40克水，120克蛋白（4个鸡蛋）

将明胶片放入盛有冷水的碗里浸泡10分钟。完成甜点奶油的制作（见276页）。把沥干水分的明胶片放入甜点奶油中，让奶油保持一定的热度。

在平底锅里放入细砂糖与水，加热煮沸。当糖水温度达到110℃，开始搅打蛋白，直至呈现雪白状。当糖水温度达到118℃，离火，并将其缓缓倒入蛋白中，继续搅拌，将三分之一奶油蛋白倒入热的甜点奶油中，不停搅拌，再用刮刀将剩余的三分之二混合。

应用：圣人泡芙，鲜奶油装饰。

建议

· 加入意式奶油蛋白，可令这种奶油比甜点奶油口感更清淡。

· 关键是要把意式奶油蛋白加入到热的甜点奶油中。

· 希布斯特奶油制作好后要立即使用，否则就要马上放入冰箱保存。在下次使用前一定要先搅拌，使它更光滑。

基础奶油和淋面

慕斯林奶油
(creme mousseline)

甜点奶油（见P276页，少用50克黄油），250克黄油

制作甜点奶油（见276页），切下125克小粒状的黄油，将之融入到热的甜点奶油里。将制成品放在案板上，用保鲜膜包裹，让它在常温下冷却。

再将剩下的125克黄油（它应该是软的）放入厨师机的搅拌盆里，开始搅拌直至成为较厚实的油膏状，慢慢加入冷却的奶油，直至其变得厚实并充满气体，马上使用。

应用：餐后甜点（草莓奶油蛋糕等）

建议

· 为了使油膏状的黄油和甜点奶油两者相互水乳交融，这两种半成品均要处在常温状态下。

· 如果奶油呈"片状"（脂肪与水分割），需将厨师机搅拌盆的四壁用喷枪轻微吹热。

· 制作巴黎·布莱斯特蛋糕，要制作慕斯林奶油杏仁：加入100克黄油和150克杏仁糖。

对热的甜点奶油进行搅拌，可加入100克膏状黄油，你也可以加入少许朗姆酒来使奶油有酒香味。

镜子般的淋面

4片明胶片（8克），60克苦可可粉，70毫升水，190克细砂糖，130毫升液状奶油

将明胶片放入盛有冷水的碗里浸泡10分钟。将苦可可粉放入搅拌盆中。在平底锅中将水和细砂糖煮至沸腾，倒入可可粉中。用手动打蛋器尽力搅拌，尽量少将空气混入。

将液状奶油煮至沸腾，离火，加入沥干水分的明胶片，倒入可可糖浆中，搅拌均匀，用筛网过滤，让它在常温中冷却，让淋面温度在25℃~26℃间。

应用：镜面蛋糕，树根蛋糕。

建议

· 这种淋面非常耀眼闪亮，但也很脆弱。当撒完淋面，拿取它的时候要特别小心，因为痕迹会留在蛋糕上。

· 为了使淋面绝对光滑，无气泡，最好用筛网过滤两次，再让它冷却。

· 如果淋面太冷，微微用隔水蒸加热，让它的温度重回到25℃~26℃。

· 淋面的温度非常重要，如太冷的话，它在蛋糕上不会流动，会形成很厚的一层。但如果太热的话，它就会垂直向下流，浸入蛋糕，这样淋面就不均匀了。

基础奶油和淋面

皇家冰淇淋

30克蛋白（1个鸡蛋），150~200克糖粉，数滴柠檬汁

将所有配料混合在一起，如果冰淇淋太稀，可加一些糖粉，如果太稠，就加入几滴柠檬汁。

应用：杯子蛋糕和蛋糕的装饰。用小号的裱花嘴可以做出非常细小的装饰。

建议

· 你可以用香草精华和浓缩咖啡精给皇家冰淇淋添加香味。

· 假如你不是马上使用这款冰淇淋，请用保鲜膜包裹它，使其与空气隔绝，避免其表面生成厚的硬壳。在冰箱中冷藏可以保存2~3日。

奶酪奶油淋面

100克软黄油，300克新鲜奶酪（如费城奶酪），120克糖粉

用厨师机搅拌软黄油直至呈油膏状，加入新鲜奶酪继续搅拌，直至此混合物质地均匀。均匀地撒入糖粉，继续缓缓搅拌，直至纹理非常流畅，将其放入冰箱冷藏，使用时取出。

应用：蛋糕及餐后甜点的装饰，杯子蛋糕的装饰。

建议

· 请尽量使用新鲜的奶酪，并且是冷的，而黄油尽量是软的，这样便能得到光滑的纹理，并且分布均匀，没有未融化的黄油。将淋面均匀地铺上，不要过度搅拌，使其保持灵动稀疏的纹理。

· 你可以用刮刀直接摊平淋面或用配有标花嘴的裱花袋将淋面铺好。

用糖做装饰

糖是烘焙的基本配料，也被称为"甜点的变色龙"，焦糖，舒芙蕾糖，拉糖……每一种形式都能达到不同的装饰效果。糖的衍生物（转化糖浆，葡萄糖浆）也是珍贵的助手，帮助你完成各款装饰，让甜点美轮美奂。

以焦糖为基础的装饰

糖是所有甜点无法缺少的配料，也是蛋糕的最佳搭档。对糖进行加热，它会经历不同的阶段，并根据不同的温度表现出不同的性能。若用作装饰，我们通常将其加温至焦糖这一阶段。

如何才能做出高质量的焦糖？

几乎所有人都曾有制作焦糖失败的经验：味道变苦，充满小块，或干脆无法成型。一部分人按食谱操作，加入水或一点儿柠檬汁，也有一部分人什么都不加。我就属于后者，对于我来说，最简单的方法是什么都不加，维持原状，不用水，也不加柠檬汁。

为了成功做出焦糖，需遵守几条规则：

◎ 需要用好的细砂糖（或白砂糖），而不是用方糖或是冰糖。所有的糖都各有特性，某些糖含有很多"杂质"，另一些糖则是很难焦化。假如你做不成焦糖，首先应换掉你的糖。

◎ 请勿在任何时候搅动糖，让它在文火中融化。你可以偶尔轻轻摇动平底锅，但绝不可以将刮刀或汤匙插入焦糖中。

◎ 用厚底平底锅加热，这样有利于散热。有经验的厨师会用黄铜锅，该金属传热的能力很强。

◎ 当你在煮焦糖时，别干其他的事情。注意力要全都集中在焦糖上，哪怕仅仅是几秒钟。而就是这几秒钟的时间，便会将甜美的气味转为令人厌恶的焦味。

◎ 取一杯水和一支毛笔，当糖融化，有时会在平底锅的边缘上有些结晶。用蘸湿的毛笔刷一下，让这些结晶掉到锅里，这样在锅边就不会出现焦糊。

◎ 假如这些措施仍未能使大片焦糖形成结块而不融化，那就加入几滴柠檬汁。但最好的解决方法是另取一口平底锅，重新制作吧！

◎ 检验焦糖是否制作成功的标志是颜色。成功的焦糖应是琥珀色的，用一小张烘焙纸浸入焦糖中，取出后它的颜色是明亮的，在锅里的焦糖颜色通常更深一些。如果焦糖颜色为深色，那么味道是苦的，难以入口。

◎ 等到焦糖装饰完成，要将它们放到远离潮湿的地方，要避免将其放入冰箱，或是放在水槽附近。焦糖非常容易吸水，它很会捕捉水分子，容易变软和有黏性。如果你喜欢用焦糖来装饰甜点，那就要在端上桌前1分钟完成焦糖的装饰，这样才妥当。

焦糖的螺旋造形和简单的装饰

当焦糖做好，将一只汤匙放入平底锅中蘸取少许，然后在硅胶垫上画出螺旋线条、直线条或其他图案。你也可以在烘焙纸上操作，但取下这些装饰会较困难。

牛轧糖

160克干果（去皮杏仁，糖杏仁），40克白芝麻，200克葡萄糖浆，500克细砂糖，50克黄油

将烤箱预热至150℃。将干果和芝麻放在烤盘上，盖上烘焙纸，放入烤箱烘烤5~10分钟，并不时地翻动，保持干热的状态。在平底锅中将葡萄糖浆融化，待其完全融化，再将细砂糖均匀撒入，让它慢慢焦糖化。当焦糖呈现漂亮的琥珀色时，加入黄油，晃动平底锅使之均匀，然后离火，加入热的干果和白芝麻，将它们均匀包裹起来，倒在硅胶垫上。

用硅胶垫将混合物收拢，做成球状，并用力将边缘的部分向中间集中，并将第二块硅胶垫盖上，用擀面杖将它摊开压成约3厘米的厚度，再将上面的硅胶垫取走，在牛轧糖半成品未全部冷却之前，将其切成你所要的形状，也可以用擀面杖将牛轧糖半成品压扁。需放置在干燥的地方。

建议

· 牛轧糖适合做各种装饰，它的可塑性很强，你只要将它倒在硅胶垫上，摊开，用模具切割成自己所要的形状即可。它还可以再溶解，非常方便。先碎成小块，再用小火将其融化，注意颜色变化，因为牛轧糖被加热越久，它的颜色就越深，味道也就越苦。

· 加入焦糖中的干果一定要是热的，避免使温度一下子骤降。

半圆球形焦糖

这一装饰从简单的焦糖出发，要多试几次才能达到完美的半圆球形舀上焦糖，在半圆球形模具上画出线，装饰。将一把长柄大汤匙涂上油，将焦糖以线状画上，并且要相互交错，待其冷却后，脱去模具。

花边小饼干

100克细砂糖，30克黄油

把细砂糖倒入平底锅中加热，待焦糖呈现漂亮的琥珀色后离火，加入黄油。将焦糖倒在一块硅胶垫上，任其自由展开。将烤箱预热至190℃。砸碎焦糖片，并将其搅拌成粉状，过筛后撒在硅胶垫上，放入烤箱烘烤2~5分钟，直至糖融化并形成一条花边，冷却。

建议

· 这些精细的小饼干其外貌似花边，制作起来很简单，它将充实您的甜点种类。

· 尽量用单一品种的焦糖粉，使小饼干的香味和厚度是一样的。你也可以在模具上撒面粉，用模具做出你想做成的形状：圆的、方的、长方形的……当从烤箱中取出小饼干时，要小心翼翼地拿取，因为它们特别脆弱，因为它们还原水化太快，所以容易变软，故要在上桌前制作。

你可以用密封紧闭的盒子盛装焦糖粉数日。

天使发丝

这是用糖做的最天仙般的装饰之一,但它需要一点控制能力。

在开始制作天使发丝前,先要将你的厨房做一下布置,在地上铺上报纸或保鲜纸,放上一块较重的木板,在下面垫上两根木棍,使木棍不易移动,木棍要高过地板许多。

制作焦糖,将平底锅倾斜,让焦糖集中到一边。

当焦糖变得有些厚,插入一把叉子或手动打蛋器,然后在木棍上大力地摇动,焦糖的细丝就会粘到木棍上,形成了如帷幕一样的东西。您只要按自己需要的形式去制作就可以了。

糖制舒芙蕾

300克细砂糖,105克水,90克葡萄糖浆,0.3克挞派奶油(用刀尖挑起1小撮)

将细砂糖、水、葡萄糖浆倒入平底锅中加热。待混合物沸腾,加入挞派奶油,继续加热直至温度达到155℃。

将半成品倒在硅胶垫上,让它略微冷却,一点点地将糖饼从边上向中心卷,直至形成一个圆球,继续搓揉,让内部形成一个小凹洞。将一个喷糖器插入,小心地向里面喷糖直至形成一个气泡,继续加工,直至气泡形状更有规则。用剪刀剪下面团尾端,重复上述工作,做出另外几个气泡。将它们放置在远离潮湿之处,等待装饰时用。

建议

糖制舒芙蕾是最有技术含量的装饰之一,它需要一些器皿和配料,并且要很精确。这里有几个小贴士,助你成功。

· 用耐热的手套来保护你的双手,以便拿起温度很高的糖。

· 为了使糖的可塑性保持更长的时间,在烤箱预热至200℃时,在打开的烤箱门前操作。

· 精巧地进行操作,为了在喷糖器抽出前不破坏糖形成的气泡。

· 配备一个小焊嘴来对喷糖器的喷嘴加热:糖会粘在喷糖器中。事实上,假如留有小小空间,那里的空气会被吞噬掉,那你就白打气了,气泡将不会成形。

· 渐渐地随着气泡不断膨胀,与喷糖器接触的洞口会越来越小,直至完全闭塞,在此情形下,用剪刀将其剪开。

· 将糖制舒芙蕾气泡放置在远离潮湿之处,防止它有黏性或自行戳破,泄露空气。

用糖做装饰

其他糖制装饰

用益寿糖（isomalt）制作的装饰

益寿糖和焦糖的加工是一样的，只是它的外形是小粒状的，只要加热变成液体状就可以了，你可以做出和用焦糖做的一样的装饰品，也可以抽出可塑的糖丝任意塑造，还可以创造出螺旋的圆圈，像是温柔的黑果子或是杏子星状挞。此外，和焦糖不一样，益寿糖并非吸水强的物质，只要将它重新加热就能再次使用，而无口味变苦之虑。

不透明的糕点

这些不透明的糕点是指那些通常本是透明的小饼干，其材料是入口即化的甜点与葡萄糖，它们很容易被染色或被撒上其他调味料，如干果、柑橘皮、金粉等。

90克翻糖，50克葡萄糖

将烤箱预热到180℃。把翻糖和葡萄糖浆放入平底锅，加热至160℃。

将半成品倒在硅胶垫上，冷却。将糖片折断成小块状，将其研磨成细粉。

将筛网置于硅胶垫上方，从模具上撒下这些粉，把它们放入烤箱烤2~3分钟，使之变成液体，然后冷却，取出。

建议

· 为了制作焦糖甜点，你最好在硅胶垫上撒上一层这种粉，请你守在烤箱前，以便将不透明的焦糖在融化后即刻取出。若多加温30秒钟，此融化了的糖浆就会分离，你就再也得不到不透明的糖片了。

巧克力的制作

要开发新的食谱和装饰，巧克力是必不可少的配料。它有多种不同的用途，在甜点制作和装饰方面，我们使用一种"铺盖式"的巧克力，它含有更多的可可脂，并且味道比平时常吃的巧克力更香醇。

巧克力的"调温"工作

为什么要对巧克力进行"调温"？

巧克力主要由油脂（可可脂）构成。而这些油脂含量的高低是根据人们对它加温的程度决定的，它们结晶形成多种形状，再给巧克力赋予纹理及光滑亮度。

经过调温后的巧克力光亮诱人，人们可以用它去装饰细节，且入口脆滑。如果调温工作做的不好，巧克力会缺少光泽，并且入口不脆，通常它会发白，表面出现小白点。给巧克力进行调温，就是让巧克力的油脂分子在好的结构状态下进行结晶，赋予巧克力好的纹理，让它发亮，并且美味可口。

如何"调温"巧克力呢？

"调温"工作的主要原则对于所有类型的巧克力都是一样的，只是入门的温度门槛有所不同，要看是黑巧克力、奶油巧克力，还是白巧克力，以下为具体方法：

1．先将巧克力融化，注意温度不可超过45~50℃，否则有可能将它烧焦。通常用隔水蒸的融化方法。

2．之后要快速冷却巧克力，可以把放巧克力的搅拌盆浸入冰水里。
在这一阶段，有可能要加上三分之一容量的碎巧克力，这是为了降低巧克力的温度，引导它们快些结晶。

3．在马上使用巧克力之前，我们需将它的温度提高数摄氏度。
其他一些调温技术，比如说使用可可脂粉或采用将不同

温度刻写在大理石板上的历史悠久的巧克力调温法。

巧克力调温温度			
	融化的温度	冷却的温度	使用的温度
黑巧克力	45~50℃	27~28℃	31~32℃
牛奶巧克力	45~50℃	26~27℃	29~30℃
白巧克力	40~45℃	25~26℃	28~29℃

巧克力的制作

巧克力刨花片

用一把蔬菜刨削刀或汤匙

为了无需进行调温工作的巧克力，简单地便可完成巧克力刨花片的工作，就用一块完整的巧克力板吧。你可以用微波炉稍稍将它软化，仅几秒钟时间而已，用蔬菜刨削刀或汤匙来削切，并要马上使用。

在大理石板上

为了制作更长更精准的巧克力刨花片，要对巧克力进行调温，然后将之细心地摊在大理石上，用小刀或30度弯曲的刮刀，将巧克力向前推，使它形成刨花片，几分钟后便可成型，将它放入密封罐里保存。

巧克力圆片

将调温后的巧克力放在裱花袋内，在锡纸上快速点上几个巧克力圆点。要让它们之间留有适当空间，以便可以用刮刀及汤匙的背部来移动它，令它们成形，然后小心翼翼地取下。

巧克力小饼干

在锡纸上摊上一层薄的已经调温后的巧克力，在巧克力未完成凝结前，用一把长的刀画出线条，使之成为菱形。把锡纸卷起来，并用橡皮筋固定，让巧克力凝固成形。在食用时，把锡纸摊开，取出小饼干。

装饰及写字

把调温的巧克力放入裱花袋。

为了做装饰，需要一张锡纸，在上面快速画出圆圈、柱子或梯形，施展你的想象力吧！等到你画出这些图形凝固变硬，小心翼翼地将它取下。

用裱花袋装好巧克力液体，你可以直接在蛋糕上写字。要注意裱花袋尖端剪开的开口要足够小。

建议

在专售巧克力的店铺或网上购买，通常的包装为1~3公斤，给专业人士使用的巧克力，质量会优于在超市里出售的产品。此外，调温的温度通常会在包装袋上注明，这样可令你精确地制作。您也可以按自己的口味选择可可含量的百分比、香味和原产地。

当您要对巧克力进行加工时，注意您的工具（盛具和刮刀）一定要保持干燥！水是巧克力的大敌。

尽可能少用手去碰巧克力装饰。人体的体温是37℃，这个温度足以使巧克力融化。此外，巧克力上很容易印上您的指纹，请戴上塑料专用手套，再在蛋糕上放上巧克力装饰。

在一个空气流通且干燥的地方制作巧克力更易成功。甜点师和巧克力制作师习惯在10℃的工作坊里工作。

为了使装饰物金光闪亮，在把巧克力摊到锡纸上以前，撒一些金粉或银粉。

GATEAUX WAOUH! by Noémie Strouk© Larousse 2015

Simplified Chinese edition arranged through Dakai Agency Limited.All rights reserved.

This Simplified Chinese edition copyright © 2019 by Publishing House of Electronics Industry(PHEI).

本书简体中文版经由Larousse 会同Dakai Agency Limited授予电子工业出版社在中国大陆出版与发行。
专有出版权受法律保护。

版权贸易合同登记号　图字：01-2017-7903

图书在版编目（CIP）数据

法国精品级创新甜点 /（法）诺埃米·斯特鲁克著；（法）德菲娜·阿玛尔-康斯坦丁摄影；王锴译. —北京：电子工业出版社，2019.6
ISBN 978-7-121-36619-2

Ⅰ.①法… Ⅱ.①诺… ②德… ③王… Ⅲ.①甜食－制作 Ⅳ.①TS972.134

中国版本图书馆CIP数据核字(2019)第095596号

策划编辑：白　兰
责任编辑：张瑞喜
印　　刷：中国电影出版社印刷厂
装　　订：中国电影出版社印刷厂
出版发行：电子工业出版社
　　　　　北京市海淀区万寿路173 信箱　邮编：100036
开　　本：889×1194　1/16　印张：18　字数：395 千字
版　　次：2019 年6 月第1 版
印　　次：2019 年6 月第1 次印刷
定　　价：98.00 元

凡所购买电子工业出版社图书有缺损问题，请向购买书店调换。若书店售缺，请与本社发行部联系，联系及邮购电话：（010）88254888，88258888。
质量投诉请发邮件至zlts@phei.com.cn，盗版侵权举报请发邮件至dbqq@phei.com.cn。
本书咨询联系方式：bailan@phei.com.cn，（010）68250802。